談薪資待遇、企業認可、目標成就……
結合核心理論，「八大工具表」全面提升企業績效管理！

強績效策略

從願景到成果的新管理趨勢

楊文浩 著

STRATEGIC PERFORMANCE MASTERY

重新定義企業績效管理，
「以人為本」的核心策略，啟動企業人力新模式！

- 企業願景
- 人才培育
- 供需平衡

不再以硬性標準來鞭策，「雙向循環」重塑人力資源價值

目 錄

前言　　　　　　　　　　　　　　005

自序　　　　　　　　　　　　　　013

第一章　夢想起點：
以終為始的績效管理　　　　　　　017

第二章　從被動到主動：
啟發內驅力的績效管理　　　　　　067

第三章　從要求到需求：
建立主動承諾的績效模式　　　　　109

第四章　落地執行：
績效推行的系統化方法　　　　　　143

目錄

第五章　從獎懲到栽培：
員工發展與績效提升的結合　　189

第六章　復盤最佳化：
績效管理的持續進化　　235

後記　　279

前言

　　很高興能與你們在本書中相遇。疫情時代結束後，今年是充滿艱難和挑戰的一年，回首過去，我們要以什麼心態面對來年的績效？展望未來，企業績效管理又該何去何從？主管的心將歸何處？在經歷百年未見的大變局之後，這些接踵而來的問題使我們陷入了深深的思考。

　　一般來說，有關績效管理的學習都是以實體諮商和輔導為主，而現在我們把這些輔導內容搬到了書本上，透過大量有趣且經典的案例講述和探討績效管理，也是一種學習的創新。未來企業如何規劃策略目標，做好新一年的目標分解？要怎樣安排工作計畫實行，設定績效目標？如何激勵團隊績效以及調整團隊心態？這本書所要講述的內容將圍繞「六章八表」，即：六個章節、八張績效分析表，幫助我們更容易理解和思考績效問題。在閱讀和學習這本書的內容時，我們將一起探討企業績效的理論知識和實際操作技巧，為企業績效的發展查漏補缺、錦上添花。

　　《中庸》有言：「凡事豫則立，不豫則廢。」這寥寥幾個字卻道出一個道理，很多事情不是能不能做，而是你首先要明白自己願不願意做。就像職場上很多年輕人一樣，他們在很

前言

多事情上沒有積極性，不是因為沒有能力，而是缺乏興趣，不願意做，他們在自己感興趣的方面，一定也會努力奮鬥。所以，今天當你要開始學習這本書的內容時，就要迅速開始制定工作計畫，並在學習的過程中有效執行。

本書將從績效的「硬性」與「柔性」兩個方面展開，並用六個章節和八張表格貫穿始終。透過閱讀、理解和學習本書，大家或許能在當下的環境和企業中更容易(1)理解責任、遠景、目標、計畫之間的關係(2)掌握企業績效目標管理的流程和方法(3)熟練運用績效硬性打考績流程設計、打考績工具設計(4)收穫企業績效柔性改進思維(5)掌握員工輔導技術和方法，從而可以剛柔並濟的實現管理重整，提升企業效能。

績效究竟是怎麼一回事？

如果想要溯源，那就需要從 HR 問診的模型（如圖）談起。在人力資源管理領域，我們常常會發現大家有很多困惑，只從歷史層面來看，人力資源管理歷史悠久，可以追溯到古代的儒家、法家思想，它們都有對人的管理的探討，但，要是從管理工具規範方面來講，也確實令人糾結。很多人力資源管理規範的工具和方法基本都來自西方。

這麼多年回過頭來再看人力資源管理，我們會發現它講的其實就是幾件事 ── 平衡、配置、栽培、評核、啟用、和

諧。一個企業要講人力資源平衡,其實就是人力資源的供與需是否平衡的問題。那麼企業中供與需平衡嗎?我們發現,供需永遠都是不平衡的。平衡就等於靜止、等於死亡。如果有哪個企業說自己的供需是平衡的,那一定是有問題的,因為市場是變化的,環境也是變化的,企業在市場運作過程中,帶來的供需結果自然是不會靜止平衡的。

既然無法平衡,那麼就產生兩種結果:要麼供大於需;要麼供小於需。

當供大於需時怎麼辦呢?當供小於需時又該怎麼辦呢?有人說如果供大於需,企業就選擇裁員;如果供小於需,企業就選擇應徵。但真的這麼做,是不負責的。對於一個企業

前言

而言,員工的頻繁流動是一種很不穩定的狀態,企業文化的發展傳承問題、企業對人才培養的投入問題以及很多潛在風險都將在這樣的不穩定狀態中出現,這對企業的長久發展也會造成很大影響。

既然供需不平衡,那麼我們就要研究供需不平衡的原因,以獲得更好的解決辦法。

當供大於需時我們需要最佳化,當供小於需時我們也要最佳化,而最佳化的過程就是提升人力資本的價值效能。為了好好研究價值效能,首先需要研究一下配置的問題,也就是研究人才或者人力資源在企業中要如何配置。身為主管,我們總是在講人力資源應該與職位相配,但往往沒有深入挖掘人力資源。

人力資源身上是具備人力資本的,何謂人力資本呢?其實,簡單講人力資本就是人身上的體能、知識、技能、精神等,這些都是人力資本的附加價值。企業中不同的部門員工並不是擁有完全一樣的人力資本,在相同的資本上也會有高低之分,但無論如何,這些人力資本永遠在員工的身上,企業是拿不走的。所以,我們要研究人與人的配置、人與職位的配置、職位與職位的配置時,就得先研究人與人、職位與職位、人與職位之間的知識、技能、體能和精神等方面的配置。

在配置之後，我們會發現那些在「人／人」、「人／職位」、「職位／職位」相配的人將被留下來，而那些不合適的人則會被淘汰。但是，我們研究過很多企業，發現它們很多的「人／人」、「人／職位」、「職位／職位」之間都是不配的。這時該怎麼辦呢？

　　既然企業人力資本不相配，那麼我們就需要讓它相配。配置的方式通常有兩種：企業聘請到合適的人或者企業自己培養出合適的人。聘請合適的員工，只能解決暫時的問題，特別是大多數企業並不會大規模的對外開缺，所以這就使得在很多情況下，內部培養顯得尤為重要。所以，這就意味著企業要栽培現存的人力資源中有人力資源潛力的員工。

　　企業人力資本栽培指的是透過組織流程的有效設計，使得企業員工能夠敏捷、有效的完成工作目標，進而有效達成使命和策略目標。俗話說：「缺鋅補鋅，缺鈣補鈣。」企業栽培也是一個補的過程，那就是「育」與「欲」──「育」是培育技能；「欲」是培養欲望，欲望也可以理解為員工所追尋的目標、夢想。很多情況下，企業把培育技能作為重心，但他們實際忘記了──培育夢想才是核心。當員工認可自己所在的公司，堅信公司可以成就他的成長夢想時，那他在公司中學習技能的動力將是無窮的。

　　所以，栽培過程中，主管要從夢想出發，去栽培員工的

前言

知識、技能等人力資本。因為，如果我們點燃了夢想，那員工在培訓過程中的技能、知識等資本就會透過其自動自發學習而不斷提升。

當我們把員工栽培出來，就要研究該如何評核這個人力。在本書中，我們用於評核企業培養員工的柔性感受、硬性標準將分別圍繞著「六章」和「八表」展開，「六章八表」就是績效管理的核心，所以在本書中，我們將從六個章節來介紹原理，並分享八張表格的應用。

我們都知道，人力資源之所以重要，是因為公司重視績效，可以說人力資源是「母憑子貴」吧！而績效作為人力資源核心的管理模組，一直是重心部分，本書內容就是要探討如何解決人力資源的核心問題。所以，我們首先闡述「人力資源管理問診模型」。

身為主管，我們在評核完人力後，還需要去好好運用那些被我們評核過的員工。

用人的過程就是薪資與心情的問題，薪資雖然能讓人能生存，但人內心的情感又該如何處理呢？薪資是用來生存的，但情感卻是靠激勵的。在激勵員工的過程中，我們總會發現績效「柔」的方面被不斷展現，這對激勵員工是特別有益的。硬性標準則決定了員工的目標達成、薪資、技術能力等問題。最終，當這五個模組做完之後，企業整體會達到一種和諧。

所謂的和諧就是控風險、防隱患。HR問診模型所示的內容就是常規人力資源的一個循環。從這個循環中我們可以看到，正循環和反循環都是可以運作、可以解決問題的。正向循環是常態HR；逆向循環是逆境HR，但不管是正循環還是反循環，它們都是以績效為核心的。尤其是在逆向循環的逆境中，績效顯現得尤為重要。循環匯入的過程就是從薪資和績效入手，逐漸進入整個環節。當一個處在逆境中緩慢發展的企業，研究薪資是如何用來生存、績效是如何進行硬性推行和柔性感受的，企業的發展就有望了。

在問診圖中，我們還能發現它有一個規則──內外循環都是以什麼為核心？我們循環起來去看，不管正反，內循環都是以人為優先的，而外循環則都是以事為綱領的。這本書基於這個角度，提出「六章八表」這個概念。那麼「六章」是哪六章呢？六章就是夢想連結夢想、化被動為主動、化要求為需求、化執行為自行、化獎懲為栽培、化終點為起點。

在第一章中，本書將會講到如何把夢想展現出來。這不僅僅是為了展現出來給大家，更是為了進一步和員工一起勾勒出企業的未來願景。我們都知道，如果一個人把企業的要求變成需求，從內心認知到工作中的任務、目標是自己要去做的事情，那他就會化被動為主動。那麼，在我們實際操作這個行為模式時，被動到主動的過程中都有什麼環節？產生過哪些問題？我們怎麼運用內在的分析和外在的標準，才能

前言

　　激發員工從要求到需求，從執行到自行？本書會講述八步驟的指標表、七步驟的計畫表，並透過介紹和練習使用這一系列表單，進一步歸納整理企業發展以及績效管理推行過程中遇到的問題。這些表單將呈現出硬性的執行標準，而硬性的執行標準又需要柔性的感受去推行它，本書的內容會指導我們將這兩者結合起來，形成最終的績效承諾書。

　　另外，在「獎懲變栽培」的過程中，本書還會為大家解析績效改進表、績效輔導表，甚至運用這些不同的面談方式對績效做出回饋，將終點變為起點。最後，我們還將用一張表格對這個績效管理體系進行全面重整。如此一來，八張表格、六個章節，從內到外，從外到內，從硬性到柔性，剛柔並濟的解決了人力資源績效推行的問題。

　　希望這本書可以對大家有所幫助，促使大家交流，碰撞出火花。

　　也許在這本書中你收穫的不僅僅是硬性標準或柔性感受，剛柔並濟，還可能催化出新的思考、新的做法、新的收穫！

自序

很高興您能拿到這本書，想寫一本關於績效管理的書的想法已久，但是一直遲遲沒有動筆，一是總覺得自己缺點什麼，很擔心寫出來的內容不能幫到大家，雖然，多年從事人力資源管理，又講授多年績效顧問課程，但是還是不夠成熟；二是這麼多年一直忙忙碌碌，一年又一年，要麼在上課、做專案，要麼在去上課、做專案的路上，疫情期間，反思後，我終於下定決心動筆，才使這本書與大家見面。

前幾年受疫情影響，很多企業都在求生存、保績效；疫情後，在與眾多企業交流時，很多企業家都提到，在疫情中讓自己堅持下去的是對企業的夢想追求，更有眾多的主管提到了，自己能堅持下來，與企業一起度過難關的動力來自於對企業度過危機，實現夢想帶來的價值的追求。一次次的交流，讓我在這個疫情的特殊環境下，明白了績效的本源不是術和法，而是大家對一個美好夢想的堅持。這才是績效推行之源，企業績效問題不是新問題，傳統觀念認為是人、效、薪的問題。但是，今天我們不得不說，人與職位是否相配，涉及知識、技能、體能、精神等，但是根本上讓知識、技能與職位相配的關鍵在於人的思想，也就是人心；「效」的問題

自序

在於知識、技能、體能等發揮後的效果、效率、效益,但是是否願意發揮還是人的思想,也就是人心;「薪」的問題,薪資多與少、滿不滿意,沒有絕對的多,也沒有絕對的少,關鍵在於人的內心評價標準,也就是人的認知,也是人心。總之,心有靈犀一點通,心中如何定義企業夢想,決定人們對績效的態度、行為、結果。

因此,夢想是源起,認知是基因,方法工具不能單行,企業不改造認知和基因,只是針對方法工具,績效管理的結果自然是邯鄲學步,四不像。這也就是我們見過很多企業一直致力推績效,但是往往雷聲大雨點小,要麼就是虎頭蛇尾,要麼一推績效就雞飛狗跳的原因了。因為主要問題在於企業忘記了傳承夢想,改造基因,一味尋求對應實行目標任務的方法工具,這也就是企業每次在諮詢中要求的「速成」,而這個「速成」在企業實行過程中,因為太速了,很難落實績效。究其原因,是很多企業只是推了硬性目標這一條線,即只是研究了績效目標分解的方法,而沒有去探究績效的根本:夢想問題,即績效的認知基因改造問題。績效應該是剛柔並濟的兩線並進。

所以,這本書分源、道、法、術、器、果等六方面闡釋知識,闡述績效管理六個方面,剖析績效的根本問題,並用八表承載實行績效目標的硬性要求、探究績效管理方法流

程,把績效基本認知與績效方法流程有效結合起來,進而實現硬性目標分解、柔性夢想傳遞,剛柔並濟,達成企業績效目標。

第一章績效之源〈夢想起點:以終為始的績效管理〉,核心探討績效根本,夢想對基因改造的重要性,凸顯企業夢想連結員工夢想是績效達成的原動力。

第二章績效之道〈從被動到主動:啟發內驅力的績效管理〉,剛柔並濟,兩線並進,解決企業硬性目標與柔性夢想連結中的困惑。績效由被動到主動、由外驅到內驅的發展過程中,選擇方法技巧和團隊分析模型。

第三章績效之法〈從要求到需求:建立主動承諾的績效模式〉,內驅力,在於團隊個人主動承諾,掌握團隊共創的六步驟,解碼目標分解原理,和諧溝通的欣賞式探詢。

第四章績效之術〈落地執行:績效推行的系統化方法〉,在完成七階段行動計畫設計之後,團隊主管和被考核者一起透過八階段指標,明確分解責任,團隊共創實現人人頭上有責任、個個肩上扛指標。

第五章績效之器〈從獎懲到栽培:員工發展與績效提升的結合〉,績效管理就是溝通,溝通,再溝通,如何實現全流程、雙循環溝通,管理階層如何以身作則,身體力行,在輔導過程中實現懲前毖後,實現公司、部門和個人的共同成

自序

長,和諧發展。

第六章績效之果〈復盤最佳化:績效管理的持續進化〉,績效管理是一個螺旋向上的團隊進化過程,沒有終點,我們要在績效驗收後,尋找公司或部門最佳化發展切入點,實現持續的績效最佳化模式。

本書對於人力資源從業者來說,是一本正心、正念、正行的績效思維寶典,不拘泥於傳統績效書籍的桎梏——專注方法、表單,本書不但提供一套績效推行心法,傳遞了績效觀念,同時提供一套配套績效管理工具表單。對於各階層的主管來說,本書是理解績效管理的一本心理學工具書,也是一本團隊績效推行操作指南,同時提供一套具有參考價值工具表單。為企業在深化績效、最佳化改革、創新激勵、栽培增效等方面提供思考方法和管理助力。

工欲善其事,必先利其器!

因時間倉促,本書難免在編輯中有不足之處,請大家批評、指正、見諒。同時,衷心感謝在本書編寫過程中支持我的家人、朋友!

楊文浩

第一章
夢想起點：
以終為始的績效管理

第一章　夢想起點：以終為始的績效管理

來，讓我們一起完成下面的遊戲：請大家準備好一張 A4 的白紙。收穫的多少取決於參與度，請你認真拿起筆一起來畫。

第一步：一花一世界，一樹一菩提，一頁白紙一方世界。請在這張白紙上畫一個九宮格。

第二步：性格決定命運，習慣成就人生，改變習慣很難，請你把筆換到另外一隻手上，在九宮格的中心格子裡寫上自己的名字。

第三步：主管的最大能力就是清楚認識自我，請在剩下的八個格子裡寫下自己的性格特色。

第四步：找你自認為非常熟悉的人，給他你已經寫好的九宮格，然後讓他根據自己的了解，判斷你的性格特色是否存在。

第一步完成後，你可以根據九宮格圖形初步判定每一位主管的性格特色。在沒有任何要求情況下，你可能畫得很大，覆蓋了滿滿一張紙，也可能畫得很小，也可能畫到角落裡，因人而異。有人做事情大張旗鼓；有人做事情畏首畏尾，至於你為什麼這樣畫而不是那樣畫，可以閱讀心理投射效應相關的書籍加以解讀。在績效推行中，每一名主管也會按照自己的風格特色去推行績效工作、管理團隊。

在第二步完成後，你會發現一個祕密——每個人都活在

自己的舒適圈，改變原來的、習慣的、舒適的方式會覺得不舒服。這就如同讓張飛溫柔、讓林黛玉變果敢。這說明一個問題，每個人都有自己喜歡和適合的交流方式，而不是按照統一的標準去做。如果不能研究每一個人喜歡的，我們在推行績效的過程中就會如同強迫大家按照不習慣的方式做績效一樣，會適得其反。

第三步完成後，看看是否還在用左手寫字（當然天生左撇子除外），你可能發現自己不經意間換回了右手。我們永遠用自己感覺舒適的方式對人、對事。所以，我們的績效管理推行如何讓別人感到舒適、我們有沒有關注過每個人的美好夢想和使命，這是績效管理中經常被忽視的一個問題！

第四步完成後，我們會發現別人並不會認可我們自己所認為的性格特色。

這也說明我們有時候沒有認清楚自己的性格，或者想當然認為自己有哪些性格特色。事實上，我們都跳進了自我認知舒適的管理盲點，總認為自己覺得舒適的方式就是別人覺得舒適的方式，根本沒有考慮過別人是否舒適。在管理中，我們制定目標和計畫後讓員工執行，我們用自己覺得舒適的標準規範著員工，這樣的績效管理只會陷入越來越被動的局面。不被員工認可為夢想的績效目標永遠遠離人們的行動舒適圈、永遠都是無用功。所以，績效源於夢想。只有有願景、夢想的目標才能驅動人力資本投入績效管理活動中。

第一章　夢想起點：以終為始的績效管理

第一節　願景引領：如何用使命驅動目標實現

俗話說：「一生二，二生三，三生萬物。」那麼一個企業從創始人創辦開始，到最終成為規模化的大公司，它靠的是什麼？近些年來人們發現，在新時代的競爭環境下，績效逐漸變成了影響企業發展的障礙。在傳統企業管理中，績效管理一直被認為是一件很難做的事，許多企業在面對績效問題時都出現了「沒有績效考核眉開眼笑，有了績效考核雞飛狗跳」的情況。這不禁令人產生疑惑，績效管理出現問題的原因是什麼？身為企業的主管，我們又該如何去解決這個問題？本書中我們將從六個章節、八張表格、二十四節的講解中談「績效」，一起來看看它的世界裡到底發生了什麼。

為了幫助讀者更好的學習和理解，首先介紹一下本書的「六章」：

1. 以終為始，夢想連結夢想

所有人在談績效時都覺得應該從目標開始，但在談目標之前我們需要先討論一件事情——企業發展的終極目標是什麼？有個著名的企業家曾說過：「企業是在實現夢想的過程

中，順便賺了點錢。」由此可見，企業發展的根本其實是實現企業的夢想，而企業夢想的實現靠的又是夢想連結夢想的過程，即一個人的夢想連結著一群人的夢想，因為這兩者之間有共同交集，所以大家才為了共同的夢想而努力。因此，追逐夢想是起點，完成目標是終點，夢想產生目標，目標使夢想貼近。

2. 知己知彼，化被動為主動

在企業的運轉過程中我們常常會思考，主管和團隊之間、老闆和企業員工之間，誰是主動者，誰又是被動者呢？有人研究發現，企業主管和創業者幾乎都是全力以赴的，而專業經理人和員工很多都是全力應付的。那麼如何轉變員工的積極性，使其由全力應付到全力以赴，化被動為主動呢？第二章將會展開講述，詳細分析和討論。

3. 群策群力，化要求為需求

我們都知道，人類在進行任何一件事情時，「要求」都沒有「需求」所能提供的自身動力大。第三章將透過大量的案例呈現出從要求到需求的世界裡的區別。

4. 計畫實行，化執行到自行

目標計畫是需要透過行動來完成的，而完成目標所選擇的行動方式是執行還是自行，與要求和需求緊密相關，要求

第一章　夢想起點：以終為始的績效管理

對應執行；需求對應自行。只有把要求轉為需求，才能在計畫進行中把執行變成自行。第四章將透過八個步驟來展示從要求到需求、從執行到自行的轉變是如何發生的。

5. 輔導跟進，化獎懲為栽培

當我們開始自行之後，很多企業用的績效就是獎懲、分粥。但績效的最終目的是懲前毖後。對員工獎懲、分粥並不是企業的目的，這麼做是為了透過績效激發員工潛能，打造高績效的團隊，進而更好的實現企業的最終目標。

6. 復盤驗收，化終點為起點

績效是一個螺旋式向上的過程，它和事物的成長過程是一樣的，沒有終點，或者說終點即起點。我們將透過最後一張表格來找出企業績效下一個循環的起點到底在哪裡。

以上就是本書的核心內容。

凝心聚力夢想使命

夢想連結夢想就是績效傳統目標中柔性的部分，那麼柔性的部分是如何剛柔並濟的呢？

企業發展的根本是夢想實現的過程，有了夢想就會產生目標。本書開始的時候提出過這樣一個觀點：柔性的夢想、剛性的目標。夢想與目標剛柔並濟是推行一個企業績效的根

第一節　願景引領：如何用使命驅動目標實現

本原則,就如同水火不相容,卻能平衡地存在於這個世間。

如今我們很多企業做績效管理就像一團火,它熱火朝天、剛性十足的將企業向前推行。在這種機制下,績效往往在一段時間裡會顯出很高的成效,但人總有疲憊的一面,員工也無法永遠維持符合績效管理標準的狀態。

對於一個缺少柔性的績效機制,如果實行的時間久了,我們就會發現這個績效機制慢慢失去了激發員工動力的作用。

很多時候在職場上,我們不難見到一些企業在快速發展階段時,績效做得風生水起,員工看似都非常努力,樂於打拚。但這個階段總是曇花一現,很快銷聲匿跡,造成這種情況的原因,就是企業管理人員只注重績效剛性的一面,強壓給員工目標和指標,卻忘記去感受員工的內心世界,沒有重視績效柔性的一面,並將兩者相結合。這就像管理,所謂管理就是管事理人,管理是剛性的;理人是理解人,即柔性的。萬事萬物,講究陰陽平衡、剛柔並濟,績效管理也是同樣的道理。

如果要想改善企業的績效狀況,我們的當務之急應從柔性入手,即先從夢想入手。在這裡,我們首先需要思考一個問題:人活著是為了什麼?或許你的心中早已有了答案——可能是為了吃飯,可能是為了工作,還可能是為了生活等。

第一章　夢想起點：以終為始的績效管理

曾經有一位企業家說:「人活著這一輩子就為了造一個夢，去圓一個夢。」這個觀點蘊含一個想法，即我們每個人都活在一個夢中，今天的你就是昨天的夢，明天的你就是今天的夢。所以，每一個人都應認真思考一下這個問題：在企業中，你活在怎樣的一個夢中？這個夢美好嗎？這個夢是誰給你建立的？假如這個夢是你自己的，那它與整個企業的夢有沒有關係？這些問題最終構成了人們研究目標的核心，即夢與夢的連結。

不難發現，有的放矢的目標管理從表面上看僅僅是目標管理，但實際上真正解決的卻是我們和團隊成員在企業中的夢想是什麼的問題。所以，我們在給部門傳遞目標的時候，不僅僅是傳遞一個可實行的目標，更需要的是傳遞目標管理背後企業的夢與部門成員的夢。

那什麼是夢？夢其實就是願景。主管的願景、員工的願景、企業的願景都將對績效的目標管理產生很大影響。

剛柔並濟經營目標

任何一個企業都有一個願景。企業的願景是創始人或創業團隊提出的。但創業團隊提出的這個願景能否被公司中其他人所接受，就變成了需要我們思考的問題。

很多年前有位叫稻盛和夫的創業家，他曾以優良的待遇

第一節　願景引領：如何用使命驅動目標實現

招募過一批應屆畢業生。但是好景不常，這批應屆生在工作不久後就陸續離開了。稻盛和夫為此感到疑惑，於是他找到其中幾個優秀的畢業生詢問他們選擇離開的原因。

畢業生們回答說，他們認為自己在這家公司中只是在實現公司的願景和主管的夢想，但畢業生們也有自己的夢想。在企業中，他們發現如果實現了公司的夢想，那麼他們自己的夢想就會被破壞。為了避免這種情況發生，他們最終選擇離職去追逐自己的夢想。

從這個例子可以看出，公司提出的願景夢想如果不能與員工的願景和價值觀相配或融和，員工很可能就會選擇離開或是在企業中人浮於事了。所以，為了盡量避免或更好的解決這些情況，企業研究策略目標和目標管理時，首要任務就是研究自己的公司願景，是否與公司中那些具備不同身分和能力的員工價值觀和願景一致。如果企業願景和員工的夢想不一致，那麼他們的能力在企業中就很難得到發展。他們不會按照部門主管制定的計畫去行動，更不會扛起責任去完成相應的任務。這點在現實中已被屢屢證明。

這就是目標管理背後的願景祕密，所有目標制定合理的企業，實際上都是做對了一件事情——把公司願景與公司中不同身分和能力的員工的價值觀緊密結合在一起。表面看，好像是公司目標被順利分解了，實質上是目標背後的願景、

第一章　夢想起點：以終為始的績效管理

價值觀得到員工的認可。

關於目標設定，傳統企業通常都是金字塔型的，當然也有一些新型組織是扁平化或者網狀組織。考慮到很多企業還處在金字塔結構轉型中，所以在本書中我們還是以傳統企業的金字塔模型──由高層管理向低層管理傳遞資訊的邏輯框架──來介紹企業目標分解的問題點和大致框架（如圖 1-1 所示）。

企業頂端的高層管理人員，在提出公司使命和願景之後，會產生近期或一段時間內的策略目標，這個目標就是願景下的策略目標。但高層人員在向下傳達的過程中，往往會出現一個問題，那就是我們往往只傳達出策略目標本身，而忽視了傳達策略目標背後的公司使命和願景。所以，中層管理人員獲得訊息後，常常只記住了上級的要求和目標，並將策略目標劃分成多個具體目標後，又一鼓腦向下傳達給各個部門或分公司的基層管理人員。中層主管傳達得很辛苦，在不了解企業使命和願景的情況下，他們不是帶著情懷，而是帶著情緒分解目標。在這種情緒影響下，劃分的目標又被基層員工接收，當基層員工感受到上級傳達的公司目標與個人的發展目標不相關，卻還一定要達成時，消極的、離職的想法和對工作敷衍了事的機率就大大增加了。

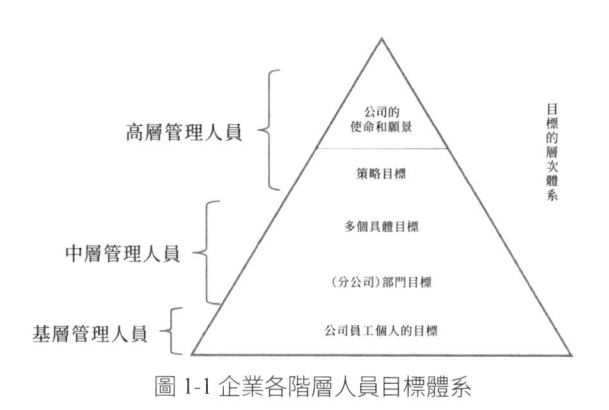

第一節　願景引領：如何用使命驅動目標實現

```
                    公司的
                    使命和願景
高層管理人員 {                              }  目
                    策略目標                  標
                                             的
                    多個具體目標              層
中層管理人員 {                              }  次
                    （分公司）部門目標        體
                                             系
基層管理人員 {       公司員工個人的目標     }
```

圖 1-1 企業各階層人員目標體系

　　如果將目標和企業願景的傳達過程比喻為兩條線，那麼目標就是看得見的「外線」，是透過幫助企業完成各種任務指標來推行企業發展的；願景是看不見的「內線」，可以使企業的夢和員工的夢相連，以激發員工需求，並自行推進企業發展。內線是原動力，外線是標準化工作，目標固然重要，但願景也同樣應該被給予足夠關注。

　　在公司經營的過程中，我們很容易看到公司往下傳達的各類目標線，卻往往會忘記傳達公司靈魂深處的願景、使命與員工願景、價值觀的關聯。所以，身為主管和高層人員往下傳達的應該是兩條線，即物質的目標線和精神的願景線。只有這樣，企業的整個目標才是帶著願景，有價值意義的目標體系。

　　關於目標體系，我們需要注意兩件事：一、目標不是單一的目標；二、目標背後的願景和意義對公司十分重要。

第一章　夢想起點：以終為始的績效管理

1. 目標管理的基本概念

既然目標願景是目標的根本、目標的原動力，那我們首先應該解決目標管理背後的思維和願景問題。在這之前我們還需要先知道目標管理的基本概念是什麼。

目標管理的基本概念是動員全體員工參與制定目標，並保證目標實現，即由公司的上級與下級一起商定公司的共同目標，並把目標具體化展開至各個部門、各個層級、各個員工，使它們與公司內每個單位、部門、層級和員工的責任和成果都密切連結，最終形成一個全方位、多層次的目標管理體系，提高高層管理能力，激發基層積極性。在這裡，全體員工共同參與目標制定是尤為重要的。

為了更好的進行目標管理，要處理好目標管理背後的思維問題和願景問題。

首先要解決的是創業者或主管本身的願景問題。結合圖1-2來看，只有員工想起被激發和激勵的最初目標和願景，才能使之永保熱情，去影響、激勵大家履行承諾，最後帶來好的結果和價值。也就是說，想要把這種目標管理的思維和基本願景傳達下去，最先要點燃的是我們自己。

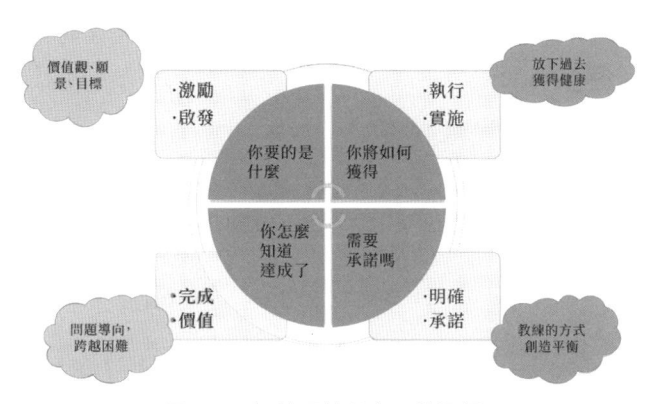

第一節 願景引領：如何用使命驅動目標實現

圖 1-2 目標管理的基本思維邏輯

因此每一個傳達思維和目標願景的人，都需要去了解和感受自己的價值觀、願景、目標是否能激發自己的工作熱情。在將這個問題考慮清楚之後，我們還需要評估自己是否能放下過去的頹勢、未來是否有信心健康發展，以及思考如何執行、實施才能獲得看似美好的願景。

如果你有意願執行，那還需要承諾什麼？怎麼承諾？此時就需要建立一個促進教練式的、平衡的需求承諾過程，即雙向承諾；同時還要從品質、數量、時間、方式等角度界定清楚完成願景之後的價值是什麼。最後，當解決完問題，跨越困難之後又會帶來什麼價值？這一系列完成，就形成了一個思維合約。

總之，想要解決目標管理就需要先解決制定思維合約的過程，這也是教練促進技巧的核心。價值觀、願景、目標這

第一章　夢想起點：以終為始的績效管理

些因素則對員工的執行和承諾的達成產生堅定信心的影響。那麼具體該如何去做呢？接下來，我們結合生產經營過程和企業策略過程來解釋（如圖 1-3 所示）。

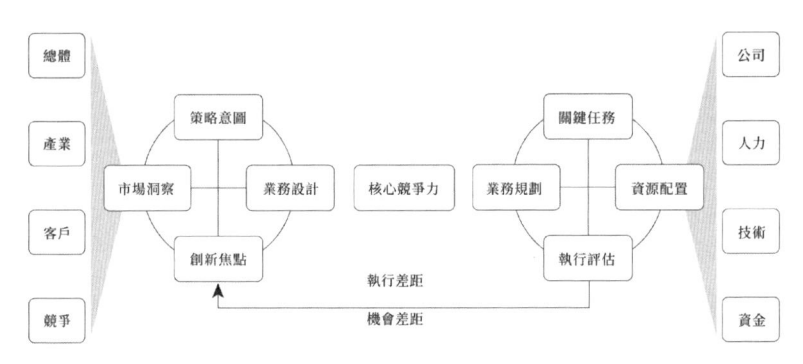

圖 1-3 BLM（Business Leadership Model）模型核心

圖 1-3 從四個一組的兩兩循環中展示出一幅企業經營的畫面，同時它分別從總體和個體角度向我們展示了一個能看到的企業經營的策略意圖和關鍵任務，但無論是總體意圖還是個體執行任務，它們背後都有一個畫面──願景和價值圖。那麼，策略意圖帶來的總體、行業、客戶和競爭環境下的願景，和我們具體執行過程中的價值觀和願景之間是否有交集？

當公司的願景和價值觀與員工的願景和價值觀有交集時，你會發現策略意圖與關鍵任務間，核心競爭力的執行差距會變得越來越小。此時員工們是發自內心地願意去做，所

第一節　願景引領：如何用使命驅動目標實現

以無論怎樣設計業務、如何進行創新、如何執行評核、資源如何配置，只要公司願景和員工們的價值觀相結合，之後的目標分解也會變得更加清晰明瞭。

其實，很多企業都發現策略意圖變成關鍵任務後常遇到執行不力的現實問題。這提醒我們要時刻重視一個關係，就是願景到價值，夢想到夢想的連結，所以我們在目標分解過程中要確認關鍵的核心，即解決這張圖背後的願景圖。

2. 目標管理的實施過程

最後，我們再來說一下目標管理的實施過程。一般來說，目標管理的實施大致可分目標制定、目標實施、成果評價三個階段，具體如圖 1-4 所示。

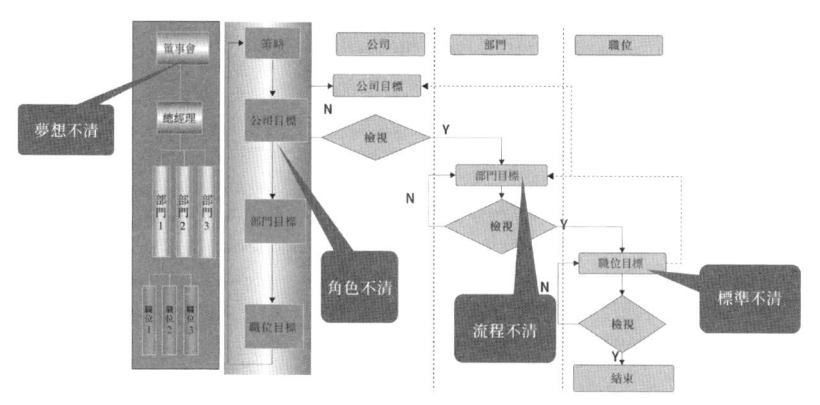

圖 1-4 目標管理基本實施流程及失誤

第一章　夢想起點：以終為始的績效管理

(1)制定目標

制定目標是實施目標管理的第一個階段，主要指公司總體目標的設立和分解過程。這一階段是最重要的階段，它是目標管理有效實施的前提和保證。只有目標制定得合理、明確，後兩個階段才能順利進行。

公司在設定總目標時，可以由下級和員工提出、上級批准，也可以由上級部門提出，再和下級討論決定。無論採用哪種方式，在設定過程中，主管必須和各階層管理人員及員工一起商量，尤其是要聽取員工的意見，不能只是簡單的對下級進行目標彙總，就作為公司的總目標。此外，我們還需要注重公司的長遠規劃和所面臨的客觀環境，使公司在確定總目標的過程中更好的發揮主導作用。

同時，為了使目標確實發揮作用，在設定公司總目標時，還要注意盡量將目標的難度設定得略高於現狀。在質與量的結合下，盡量量化公司目標，確保目標考核的準確性，並且在期限、數量上合理適中，以保證經過一定努力能夠實現目標。

當總目標設定好之後，接下來就要把公司的總目標分解成各部門的小目標以及員工的目標。盡量將目標分解成使員工都樂於接受，並且能主動承擔責任的目標。這是一個自上而下，層層展開的過程。目標分解的結果應該是下級目標支

持上級目標，小目標支持總目標，員工和各個部門之間的目標協調一致，不損害整個公司的長遠利益和長遠目標。分解的目標體系邏輯要嚴密，目標要突出重點，同時要鼓勵員工積極參與目標分解，盡可能把目標分解工作由「要我做」變為「我要做」。當目標分解完畢，我們還需要進行嚴格的審核。

當目標展開完成以後，上級就要本著「權責相稱」的原則，根據目標的要求，授予下級部門或者個人相應的權力，讓他們有權有責，在職責和許可權範圍內自主開展業務活動，自行決定實現目標的方法，實行自主管理。上下級之間還要就目標實現後的獎懲事項達成協定。

(2) 實現目標

實現目標是實施目標管理的第二個階段。這個過程主要依靠目標的執行者進行的自主管理，即所有員工主動工作，並以目標為依據，不斷檢查對比、分析問題、想方設法、糾正偏差、實行自我控制。但這並不說明主管可以放手不管，因為目標的實現過程是一個自下而上，需要層層保證的過程，一個環節出現失誤，就可能牽動全身。在過程中，主管的責任主要有兩個：一、深入基層，定期檢查工作情況，發現問題就及時解決；二、當好目標執行人員的參謀和顧問，以商議、勸告的方式幫助員工解決問題。在必要時，主管也可以透過一定的流程，修改原定的目標。目標管理強調員工

第一章　夢想起點：以終爲始的績效管理

自我控制、企業民主管理，二者的結合是實現目標動態控制的關鍵。

在實現目標的過程中，企業管理應注意以下幾點：一、充分發揮員工自我控制的能力，將他們對主管的充分信任與完善的自我檢核制度相結合；二、建立目標控制中心，結合公司業務的特色，保證公司或部門工作的動態平衡；三、保證回饋管道的暢通，以便主管可以及時發現問題，盡快對目標做出必要的修正，方法包括正式的評核會議、上下級共同回顧和檢查進展情況等；四、創造良好的工作環境，保證員工在目標責任明確的前提下形成團結、互助的工作氛圍。

(3) 成果評價是目標管理實施的第三個階段，它是指透過評斷、討論，主管對自己的部門員工進行獎優罰劣，同時及時總結目標執行過程中的成績與不足，以此做好下一個目標管理過程。成果評價不僅是一個目標管理週期的結束，還是下一個週期的開始。該階段需要主管注意做好兩個工作：一、考核員工的工作成果，決定獎懲內容；二、總結經驗教訓，把成功的經驗、好的做法固定下來，不斷完善。對不足之處則要分析原因，想出解決的辦法，加以改進，為下一循環打好基礎。目標評核要結合自我評核和上級評核，將目標評核與人力資源管理相結合，及時回饋，提高目標管理水準。

其實，很多情況下目標在實施的過程中，並不是制定的

第一節　願景引領：如何用使命驅動目標實現

目標本身出現問題，也不是企業主管提出的指標有誤差，最主要的還是因為「夢想不清」。

高層管理人員沒有很好的傳達企業的願景夢想，所以中層管理人員「角色不清」，不清楚自己該做什麼，造成在結構上「流程不清」，最後導致職位上「標準不清」。這「四不清」導致企業目標管理的實施難上加難。為了解決這些問題，我們需要追本溯源，俗話說得好：「問題的本身就是答案。」因此想解決目標管理實施過程的問題，主管需要和員工一起研究目標背後的願景圖，要從解決部門主管和員工間共同目標背後的願景連結開始。

為了更加清晰，我們可以透過製作「企業願景描繪圖」將公司的願景寫在其中，把員工的夢想和企業的願景寫出來之後，將兩者融合在一起，看看它們之間的交集究竟有多少。

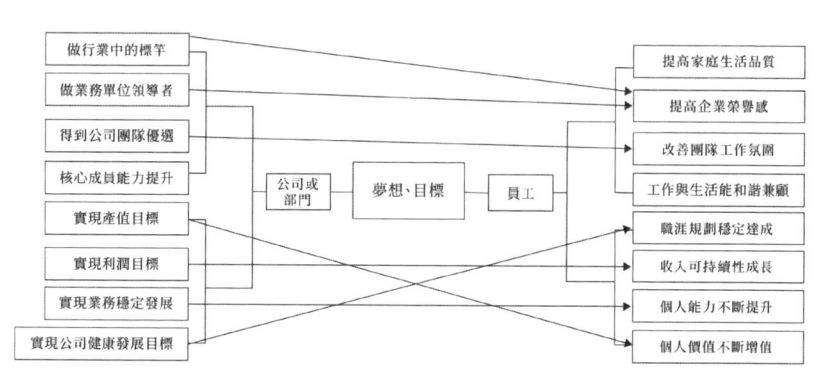

圖 1-5 用心智圖的方式完成企業願景描繪圖

第一章 夢想起點：以終為始的績效管理

第二節 SMART 法則：打造有效目標的關鍵原則

目標設定的三要素

我們常說目標背後要有願景，在上文中提到願景是目標的背景，那麼目標具體是什麼？好的目標需要符合三個要素。

1. 目標設定需要看得到

在企業中不管做什麼事情，有一個看得見的目標才能讓大家有一個共同的願望。有個女孩名叫費羅倫絲・查德威克（Florence Chadwick），她是一名游泳健將，曾作為世界上第一個成功橫渡英吉利海峽的女性而聞名於世。在那次橫渡成功的兩年後，她計劃從聖卡塔利娜島（Santa Catalina Island）游向加州海灘，想再創一項前無古人的紀錄，很快她就將實現了這個想法。

在游渡海峽的當天，費羅倫絲請來記者跟她一起出發，希望能記下這個光輝時刻。

眾人注目之下，費羅倫絲開始了她的挑戰之旅，但是那

第二節　SMART 法則：打造有效目標的關鍵原則

天天氣有些陰冷，海上雲霧濛濛，難以看清前方。在游了漫長的 16 個小時之後，她的嘴唇已凍得發紫，全身筋疲力盡而且戰慄不止。她抬頭眺望遠方，陸地離自己十分遙遠。

「現在還看不到海岸，看來這次無法游完全程了。」她這樣想著，身體立刻就癱軟下來，甚至連再划一下水的力氣都沒有了，於是她對著旁邊和她一起出發的船上人員說：「拉我上去吧！我游不動了。」「再堅持一下，只剩下一英哩遠了。」船上的人鼓勵她，但費羅倫絲搖了搖頭道：「我實在堅持不下去了。」於是船員就把她拉上了船，小船開足馬力繼續向前駛去。

就在她裹緊毛毯，喝了一杯熱湯的工夫，褐色的海岸線就從濃霧中顯現出來，她隱隱約約看到海灘上等待她，歡呼的人群。到此時她才知道，船上的人並沒有騙她，她距離成功確確實實只有一英哩！她仰天長嘆，懊悔自己沒能咬咬牙再堅持一下。後來記者採訪她時問：「為什麼你的挑戰失敗了，沒能游過去呢？」費羅倫絲說：「之前游的時候天氣是晴朗的，所以我能看到岸邊的燈塔。但是今天我游的時候，漫天大霧，我根本看不到任何東西，我萬念俱灰。」

其實目標就像燈塔一樣在前行路上有指引的功用，員工只有看得見目標燈塔，才能知道該朝哪裡努力；只有看得見目標燈塔，才能不斷衡量與目標的距離，做到心中有底；只有看得見目標燈塔，才不會迷失在逐夢之路，並堅定前行。

第一章　夢想起點：以終為始的績效管理

2. 目標設定需要摸得到

所謂「摸得到」就是讓設定目標的人可以達到，如果一個目標讓人摸不到，那就如同高懸的月亮，讓人望塵莫及，最後直接放棄。所以，不管目標是什麼，第二個要素就是「摸得到」。「超人」山田本一是日本 1980 年代的一名馬拉松運動員，在 1984 年的東京國際馬拉松邀請賽中，這位名不見經傳的日本選手出人意料的贏得了世界冠軍。大家都感到很驚奇，當記者問他憑什麼跑出如此驚人的成績時，山田本一說：「哎呀！其實也沒什麼，我有祕密武器。」

當時許多人都認為這個偶然跑到前面的矮個子選手是在故弄玄虛，直到退役，他才告訴大家，實際上他沒有什麼祕密武器，他只是學會了一個習慣——把大目標分解成小目標。幾十公里的賽道路程，被他抽成十幾個段，每一段一個小目標，十公里處有個公園；十五公里處有個體育館；十八公里處有個紅房子⋯⋯他把這個路程分成了無數個小段，這樣他每走完一段，都是一個終點；他每走完一段，他的大目標就在縮小。而普通選手的目標則是一口氣跑到終點，但「路漫漫其修遠兮」，目標定得太遠，一定摸不到，在奔赴路上，很容易喪失動力。

由此可見，將遠大的目標分解成可以摸到的一個個小目標是多麼重要。

這同時證明了一點：公司要把大目標分解成小目標，因為這可以促使員工及時實現目標，並獲得一種成就感，提升自我效能。只有這樣，每個員工才能保持信心，一路前行，向企業最終的整體夢想不斷靠近。

3. 目標設定需要想得到

當一個目標出現，如果大家都想得到它，那這就是對大家有吸引力的目標。同時這個「想得到」的目標，還必須是公司或部門中所有人的共同目標，如果只是主管或是高層主管的，那就會出問題。

目標設定「想得到」，不僅要考慮自己是否有興趣，還要考慮到底是誰「想得到」。僅僅是為了滿足自己而「想得到」，那麼在企業、公司或部門中是行不通的，因為「人心齊，泰山移」，如果成員各自為伍，那就永遠沒有辦法讓企業發展起來，無論是集體的還是個人的最終目標，都更不可能達成。所以如果沒有「想得到」的心，員工就沒有動力去追逐夢想，而如果「想得到」的目標和公司最終目標不同，那麼員工行動起來也沒有辦法完成目標。

目標設定有三個要素：看得見、摸得到、想得到。如果企業設立的目標符合這三要素，且是正面的，那麼目標就可以成就一個人；當一個目標是負面的，它也可能會毀掉一個人。也就是說，我們可以先不講這個目標是什麼，但只要具

第一章　夢想起點：以終為始的績效管理

備這三要素就可以激勵別人。假如主管設定的目標，下級員工們看不見、摸不到、想不到，他們還會「想得到」嗎？

舉個案例來幫助我們更容易理解。曾有科學家做過這樣一個實驗，他們把一隻猴子關進了籠子中，這個籠子周圍裝著水管，中間掛著香蕉。猴子剛進去能看得見香蕉，也很想吃，於是猴子衝過去就要抓這根香蕉。結果水管中噴出水，把猴子衝到了一邊，這隻猴子鍥而不捨，就這樣連續被沖走三次之後，它默默地抱著柱子站在一旁，眼巴巴的看著香蕉。對它而言，香蕉這個目標看得見，卻摸不到。

這時候，科學家又把另外一隻猴子放進了這個籠子。第二隻猴子進籠子後，看了看旁邊的猴子，就朝著香蕉衝過去並跳起來抓，結果第二隻猴子剛一跳起來，水管就噴出了水柱把兩個猴子都沖到了一邊。連續三次之後，兩隻猴子可憐兮兮的抱在一起不敢動了，因為牠們覺得水管中的水柱會沖走他們。最後科學家把第三隻猴子放進了籠子，接下來發生了令人想不到的事情。

當第三隻猴子剛要伸手抓香蕉時，之前的兩隻猴子立刻把牠按倒在地，如果第三隻猴子還要去抓香蕉，牠們也會再次把牠按倒，這樣反覆幾次之後，第三隻猴子終於明白了：這裡有另外兩隻猴子看守著香蕉呢！於是牠也不敢再動了，最終，所有進籠子的猴子誰都不想再去得到香蕉了。

第二節　SMART 法則：打造有效目標的關鍵原則

　　這個故事啟發我們，一旦有員工看得見、想得到，但是得不到團體目標，那這些員工也不會讓後來的人得到。這就是群體效應中集體平庸化的現象。現在我們需要反思一下，自己的公司是怎麼扼殺了員工行動的積極性呢？是看不見、不想要、得不到呢？還是看得見、想得到，而老員工不讓得到呢？如果連身為公司高層的主管都實現不了目標，那基層員工就更無法實現了。

　　這是思維慣性，也是執行習慣。所以，為什麼目標執行過程中總出現問題？

　　因為高層主管將目標制定得「看不見」或「摸不到」，所以基層員工自然也不想摸到、不想得到了，於是企業就變成一個「你混、我混、大家混」的局面，大家都不再努力了。這樣的企業才是真的前景堪憂，這樣持續下去，企業績效怎麼能好？未來怎麼能順利發展？

　　所以目標「看得見」是基礎，一個目標必須保證每個基層員工能「看得見」，具體、準確、有意義，還要保證基層員工能用自己理解的話表達出來；「想得到」是動力，只有目標讓員工覺得「想得到」，才能激發員工的動力；「摸得到」是結果，就是每個人都有方法達成，沒有阻礙情況發生。夢想清晰，驅動人心，才能讓角色清晰，並扛起責任，進而讓流程清晰，規範行動，最終有效回饋，實現目標。

第一章　夢想起點：以終為始的績效管理

SMART 原則

雖然我們一直在說，企業設立的目標是「看得見、摸得到、想得到」，但我們有時候遵從這三個要素設定的目標還是會存在一些問題，也就是目標雖然符合這三要素，但是不夠細。這時就需要用到一個工具來幫助我們細分企業目標的要素內容，即設定目標時遵循的原則——SMART 原則。

SMART 原則是現在管理上經常用到的一種目標管理原則，或者說效率管理模型（如圖 1-6 所示）。

目標設定 **SMART** 原則

在管理學中有一個非常重要的目標設定原則——SMART原則，由分別表示確定目標的五個基本原則的英文字母的字首組成。

SMART原則是一個很實際、很方便的實施原則。

S	Specific 具體的
M	Measureable 可衡量的
A	Achievable 可達成的
R	Relevant 相關的
T	Time-based 有時效性的

圖 1-6 目標設定 SMART 原則工具

「SMART」其實是代表了五個單字的首字母，分別是具體的、可衡量的、可達成的、相關的和有時效的，即：

S=Specific：制定目標或績效考核標準，一定要是具體的，讓人知道應該怎麼做；M=Measurable：目標或指標，

第二節　SMART 法則：打造有效目標的關鍵原則

需要能測量，能給出明確判斷的依據，例如透過數據等；A=Achievable：在給自己或他人設定目標的時候，目標不能定太高，也不能定太低。如果定得太高，容易打擊人的積極性；如果定得太低，缺乏挑戰性，最好是員工努力一下能達成的程度；R=Relevant：目標與目標之間要有一定的關聯性，整體都是為大目標或者大方向服務；T=Time-based：截止日期，對於一個目標而言，如果沒有截止期限，那麼就基本等同於無效，員工可以一直做下去或是不斷拖延耽誤企業目標實現的時程。

SMART 原則可以幫助我們實現設定目標的規範性。我們很多企業的目標設定很沒規範，目標沒有三要素是很可怕的，但如果不符合 SMART 原則，那這樣的目標更可怕。

什麼樣的目標是不符合 SMART 原則的？舉例來說，有的企業設立今年的目標是提高服務品質。這個目標具體嗎？提高服務品質可衡量嗎？可達成嗎？有時效性嗎？這就像在現實生活中，有的孩子跟媽媽說他要好好學習一樣，這是一句不會產生效益的話，因為這句話所反映出的目標內容不具體──他什麼時候好好學習？他學到什麼程度就算好好學習？這個目標可達成嗎？他多長時間能做到好好學習？

再舉一個例子，有人想要找一個伴侶，具體來說，想找伴侶是要找一個什麼樣的伴侶？年齡、學歷、愛好等可衡量嗎？要用什麼去衡量？可達成嗎？

第一章　夢想起點：以終為始的績效管理

這都是 SMART 原則在工作和生活中運用的例子。

SMART 原則是一個很好的工具，當一個目標符合三要素——看得見、摸得著、想得到時，我們再用 SMART 原則把它具體化一下。而當一個目標不符合三要素時，我們也會需要將它放到 SMART 原則中，使其最終成為可衡量、可達成、有相關和有時效的目標。透過這種方式設定的目標會更加符合三要素。

由此可見，這兩個工具是相輔相成的。

從簡單入手，如果我們分析一個目標時，發現它沒有三要素，例如將目標設定成企業今年要變成世界 500 強，這個目標一看就是不切實際的。

它看不見、摸不到，那就不需要再使用 SMART 原則了。如果企業將目標設定成今年效益要提高利潤 50%，這個目標看得見，摸得到嗎？不知道。想得到嗎？當然想得到。這種情況下，我們就可以用 SMART 原則更進一步的讓它更完善，使其變得具體、可衡量、可達成、相關強、有時效。如此去研究企業中的每一個終極目標。

所以，目標設定的三要素與 SMART 原則可以讓企業在發展和績效管理中的任何一個目標達到具體化、可衡量、可達成、有相關、有時效的程度。透過 SMART 原則，可以讓我們的目標看得見、摸得到、想得到，促使公司或部門中的

第二節　SMART 法則：打造有效目標的關鍵原則

每一名成員為了共同的目標前仆後繼，持續進步。

我們可以把企業當下的目標拿出來研究一下，用SMART原則來衡量，並細看每一點——企業目標具體嗎？可衡量嗎？可達成嗎？……完成後再看這個目標，是否看得見？是否摸得到？是否想得到？想一想如果你身為公司的一員，面對這樣的目標，你激動嗎？如果你激動，那就太棒了。我們在下一節裡面，會帶著你的目標，一起進入目標的世界。

第三節 平衡發展：
破解團隊績效目標的聚焦難題

企業四面向平衡目標

前文的內容講到了目標三要素及 SMART 原則。我們已經知道設定一個目標要從看得見、摸得到、想得到三個角度考慮，還要用 SMART 原則去細想。但是我們始終沒有分析一個問題——企業的目標到底是什麼？當有人問你，你的企業存在是為什麼？很多人就說一句話：「不是賺錢嗎？老闆開公司就是為了賺錢呀！」那麼，企業真的就是以賺錢為最終目標嗎？

企業的目標到底是什麼？從一些研究中發現，企業不僅僅是一個賺錢的個體，還是一個社會的有機組合體，同時還是滿足客戶和員工需求的主體。

所以，基於這些角度的考量，羅伯‧柯普朗（Robert S. Kaplan）和大衛‧諾頓（David P. Norton 提出一個「平衡目標」的概念，即企業應該有四個面向的平衡。那這四個面向的內容分別是什麼呢？

第三節　平衡發展：破解團隊績效目標的聚焦難題

1. 股東

　　股東是一個企業的投資者，股東既然投入了資金，那自然是希望獲利。這就意味著企業是一個經濟組織、營利組織，而不是慈善組織。企業經過市場運作獲得利益是天經地義的事情，畢竟企業中除了股東、創始人、主管，還有很多員工需要養活。如果企業不盈利，那麼就沒有辦法維持整個組織的運作。企業中的每一個成員的工作目的都是為了生活得更好，為了能追逐自己的夢想，而這些都需要物質作為基礎。雖然盈利是企業的目標，但它卻不是企業目標的全部。只重視股東個人收益的公司或個體，即使暫時能擁有巨大的財富，也很難做大、做強，而且如果只為一己之利，很可能觸犯法律，最終受到法律的制裁。因此，如果我們只從利益角度來考量、制定目標，那麼企業的發展目光是短淺的，企業存在是無法長久的。

2. 客戶

　　一個企業如果為了獲取利益，而枉顧客戶的利益，那麼客戶是會拋棄它的。2011 年，陸續有媒體揭露某餐廳分店存在死魚替換活魚、餐廚不消毒、讓員工食用回鍋油等內幕。而該公司在第一時間發表聲明，予以否認，危機公關的反應可謂相當及時。然而，根據幾家媒體調查結果顯示，超過九成網友對該公司的「聲明」與「說明」不買單，認為這根本是

第一章　夢想起點：以終為始的績效管理

推卸責任，對有些問題的解釋並不合理。

有媒體評論：「人無信而不立。」企業也一樣，企業想走出國門、走向世界，首先必須做到誠信，否則，即使邁出了國門，也很難立足，甚至還會影響國家信譽和形象。危機，向來都是「危」中有「機」。當客戶的利益受損，那麼他們就會選擇離開，尋找下一個符合他們利益期待的企業繼續合作。客戶的利益不容忽視，企業在經營的過程中必須把客戶的利益作為目標的一部分，只有把擁有客戶、留住客戶放在企業的目標中，如此才能從中獲得利益，這是一個雙贏的事情。

3. 社會

企業的經營，是在一個地區、一個城市建立自己的一個生產基地或工作場所，它要符合當地的社會規則。社會對一個企業最關注的是什麼呢？有人可能認為是稅收，但其實除了稅收，社會更關注的是企業的經營是否符合規範，因為它保障的是當地的和諧發展。如果一家企業經營不符合規範，那麼就會帶來很多問題。

例如，某家地方企業曾經發生爆炸事故，造成了不小的傷亡，類似這樣的事故其實還有很多，而事故的原因是什麼？是因為企業在經營、營運、生產等過程中的操作不符合規範。這類事情的發生不僅會給企業本身的口碑或其他方面

第三節　平衡發展：破解團隊績效目標的聚焦難題

帶來質疑，更會對當地社會的經濟、生態等各方面造成不良影響，也會帶給當地的和諧發展很多阻礙。所以，第三個面向的目標，就是保證企業在安全規範下進行生產工作。

4. 員工

我們知道，一個企業的執行不可能由老闆自己做所有的工作，還需要有員工來合力完成，所以第四個面向就是員工。那麼員工在企業裡追求什麼？如果一個企業在運作之後，滿足不了員工的生存和發展需要，那麼員工很有可能是會離開的，如此這個企業能長久嗎？答案是否定的，這樣的企業經營肯定不長久。

眾所周知，某公司員工跳樓事件屢屢發生，就是因為企業不能保障員工的權益。無論是一家企業還是一個組織，都不能缺少像螺絲釘一樣的成員，他們為了企業的發展和運作不斷努力，也為了追逐自己和企業的夢不斷前行，如果企業失去了他們，只靠創始人和主管是萬萬不行的。

上述案例中企業問題的發生，從根本上來看就是在「平衡目標」中只關心了其中一個面向的目標所導致的。企業目標是一個體系，要系統性的看待它。我們不能簡單從一個面向去看待，否則企業發展過程就會出現各種危機。

所以，企業在設定目標時應該定一個四個面向都平衡的目標，即按照四面向平衡模型（見圖 1-7）設計平衡表格。在

第一章　夢想起點：以終爲始的績效管理

四面向平衡模型中，這四個面向剛好構成一種思辨。當我們善用一種決策技術分析因果關係時，我們就可以分析看看這個因果關係是什麼樣的。

我們要讓股東獲利，至少需要讓客戶滿意。因為客戶不滿意，可能就會不買單，如果客戶不買單，企業最終就產生不了收益。如果想要使客戶滿意，一個企業的經營過程就得符合規範；如果經營過程不符合規範，操作標準不合格，那麼導致的結果就是產品滿足不了客戶需求，客戶就會不滿意，不買單，股東獲利也就沒有了。所以要讓客戶滿意，過程就要符合規範，要符合社會生產、生活的一個標準。

那麼要符合社會生產、生活的標準，需要的就是高水準的員工。只有員工在企業中技術、能力、知識都達標，同時又願意把自己的知識、能力發揮出來，這時企業的經營過程才會符合規範。

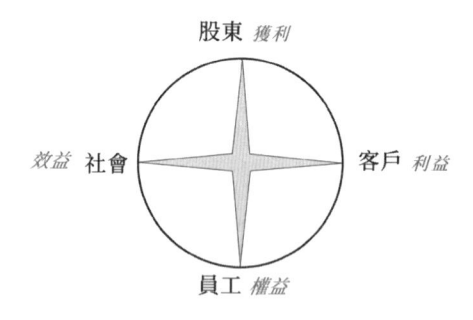

圖 1-7 四面向平衡模型

第三節　平衡發展：破解團隊績效目標的聚焦難題

　　有一家五星級飯店，2016 年，有位研究績效管理的專家幫這家飯店做一個績效的專案。剛去的時候，公司主管告訴這位專家，飯店的生意很難做。專家就問主管是什麼原因造成的。主管回答說：「我們的員工服務差，客人都不願意來，現在這條街上都是飯店，客人憑什麼一定要來住我們的飯店？」那麼問題又來了，這家飯店的員工為什麼服務差呢？後來專家了解到，原來這家飯店員工的生活環境和他們上班的環境反差極大，員工們的住宿環境非常糟，所以每個員工的狀態都不佳。後來專家給了主管一個建議：首先改善員工的心情，才能解決飯店盈利的困境。如果員工覺得不滿意，那就說明目標管理過程不符合規範，客戶就不會滿意；客戶不滿意，股東獲利自然就沒有了。

　　這四個面向的目標都是企業必須關注的，缺一不可。少了任何一個面向，都容易導致一個失敗的結果。如果不在乎股東獲利，股東會撤資；如果不在乎客戶利益，客戶會離你而去；如果不在乎社會規範，企業經營肯定會受到影響；如果不在乎員工權益，員工願意全心全意、全力以赴的工作嗎？我們會發現，企業要想股東獲利，客戶就得滿意；要想客戶滿意，過程就得符合社會規範；而想要符合社會規範，從根本上講，那就是員工的權益要得到保障。如果保證不了員工權益，那上面的三個目標都是「水中花」、「鏡中月」了。

　　四個面向的目標平衡體系詮釋的是一個企業要關注的是

第一章 夢想起點：以終為始的績效管理

一個「體系」，而不是一個「點」，這樣才能健康、和諧發展。萬事萬物都是一個綜合體，我們不難發現，四個面向是有關係的，我們做一個形象化的比喻，如果股東是果實，那客戶就是企業的花，社會是枝幹，員工是根。

而根、幹、花、果剛好構成企業這棵大樹。這一棵參天大樹，要想枝繁葉茂、果實纍纍，那根就得發達。而根要發達，員工就得有收穫、有成長。只有員工被栽培，並且發揮自己的能力了，企業才能有後續社會、客戶和股東的發展。

事實上，這個因果關係的根本在於員工滿意。員工權益受到保障，是保障四面向平衡目標達成的基礎。那麼要怎麼做，員工才滿意呢？從企業角度來看，我們要人盡其才，才盡其用；從員工角度來看，我們應該實現員工的幸福模型：安全指數、收入指數、公平指數、夢想指數。

因此，我們要明白兩點：第一，企業應該是一個多元目標的體系；第二，企業的多元目標之間應該是一個因果關係。那骨子裡的根在什麼人身上呢？在員工身上。

設立與檢視四面向平衡目標

那麼，如何讓員工這個根變得發達呢？我們說解決四面向平衡目標，最終雙贏的根本在於最底下這代表「根」的員工的權益是否能得到全面的保障。企業如何保障員工？員工在

第三節 平衡發展：破解團隊績效目標的聚焦難題

乎的又是什麼呢？身為主管，我們知道企業都是人盡其才，才盡其用的。在這個過程中，員工能最好的發揮出自己的能力取決於什麼？圖 1-8 呈現的是三面向的幸福模型，也就是員工在乎的三個點。員工在公司在乎的第一點，收入。普通員工，他們養家餬口，需要收入。關於收入，有人誤解員工總是要高薪，其實這樣的理解有點偏頗。大多數員工知道自己的狀態，知道自己的人力資本現狀，也清楚人力資本在市場的價格和價值，所以我們有時問員工：「如果公司一個月給你臺幣 50 萬元，你會怎麼樣？」他聽到這個問題不是開心，而是緊張。他往往會回答：「公司能給我這麼多，肯定要我更努力。」

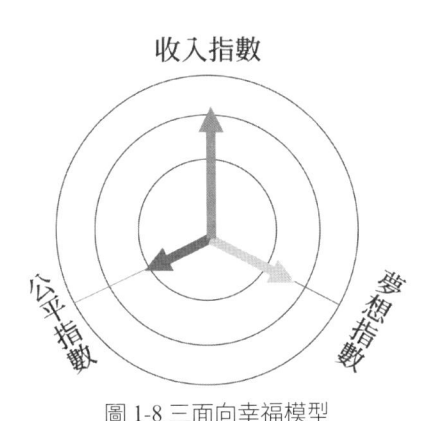

圖 1-8 三面向幸福模型

所以，我們不要總認為企業中的員工就想追求高收入。在企業發展的過程中，員工想要的收入並不是無上限，員工

第一章　夢想起點：以終為始的績效管理

要的其實就是一種相對公平的收入，即相對於自己的付出所獲得的收入是公平的。對於收入指數，不用去擔心員工如果獅子大開口該怎麼辦，大多數的員工都清楚知道自己的狀態和程度。所以，他對自己的收入期待會根據他的狀態有一個合理的區間。

員工們情緒上更在乎的就是第二點，公平指數。與其說多少，還不如說公平。為什麼呢？古語道：「不患寡而患不均。」很多情況下我們發現，對於最終的結果報酬，人們在乎的往往不是獲得了多少的問題，而是獲得的結果是否公平的問題，如果不是所勞即所獲，而是不勞也可獲，那麼企業員工的心裡就會產生不公平感，員工會覺得自己沒有被企業公平對待。

所以企業員工幸福模型的第二個點，公平。一個企業要做到相對公平，因為絕對的公平是很難實現的。相對公平意味著員工在同等工作職位上，擁有同等勞動力的價值；在同等付出的情況下，可以拿到相同的報酬。

同工同酬這點很多企業比較茫然的，因為企業主管無法評價他的員工是不是性質相同、職位相同，勞動價值相同。職位可能還好評核，但性質、貢獻，即他的人力資本價值、貢獻價值如何評核呢？我們可能很容易就看到員工的人力付出或職位價值，但是他的人力資本價值和貢獻價值，有時候

第三節　平衡發展：破解團隊績效目標的聚焦難題

很難衡量。所以就需要企業做一個職位評核，即藉由人力資本盤點和職位評核的工作來完成公平指數。

我們再來看看第三個點：夢想。一個人願意在一個團體裡工作，他更在乎的是這個企業是否有未來、這個企業的夢想是什麼、這個企業的夢想和自己的發展規劃是否一致。所以，員工的三面向幸福模型告訴我們：我們要掌握企業這個根，並使它要茁壯。只有樹根茁壯、枝幹有規範、花朵鮮豔、果實甜美，那收穫才一定是最漂亮的。

我們透過現象發現本質，原來企業的目標說到底就是員工的三面向幸福模型。如果員工的這三個指數達標，那企業的發展一定特別好。那些成功的企業都有一個特點，即公司中的每一個員工都在自己的職位上得到了相應的報酬，而且達成了夢想。

表 1-1 是一個企業的作業，我們從這張表中可以看到，希望在閱讀和學習完本節之後，每一個主管也能填一填這張表，可以看看企業的目標有哪些，我們所在的部門的目標是一個四面向平衡的關係嗎？是不是只關注了股東獲利的目標，而忘記了客戶、社會以及人才成長與開發的目標？這四個目標同樣重要。

第一章　夢想起點：以終為始的績效管理

表 1-1 目標四面向表

「策略地圖」的組成 —— 四大平衡目標對象關係表(範例)			
財務(長期股東獲利)			
客戶(親密的夥伴關係)			
社會(內部過程)	經營辦法	客戶辦法	創新辦法	法律和社會辦法
員工成長發展	人力資本辦法	訊息資本辦法	公司資本辦法	

我們還要解析一下這張表。從財務角度，沒有太多可以解析的，因為財務目標很明確，要嘛是盈利，要嘛是降低費用。客戶角度也相對簡單，過程角度會講3到4個方向。例如，在規範經營辦法的過程中，宜要求及時性、準確性；在規範客戶辦法的過程中，宜要求跟進與準確性；在規範創新辦法的過程中，宜思考哪些是公司創新或部門創新？在規範法律和社會辦法的過程中，宜注意政府規定的或行規，保證

第三節　平衡發展：破解團隊績效目標的聚焦難題

整個過程更符合規範、更高效。這些都可以寫進表格裡面。

第四列是從員工角度來看。表格有人力資本辦法、資訊資本辦法。人力資本辦法包括學習、成長、培訓。資訊資本則是員工的培訓以後，人力資本因外在或內在獲取的訊息附加在人身上，產生的資本。公司或部門資本有哪些內容呢？例如，公司部門整體的競爭優勢、公司部門人力資本的留存率、人力資本最佳化後的競爭優勢、企業的發展過程中形成的智慧財產權等，這些都屬於公司資本──企業的智慧財產權在很多情況下是附加在員工身上的。

當我們填好這張表之後，會發現一個有意思的關係。如果是拿一個公司當作例子研究這張表，就會發現公司層面的財務目標、客戶目標、過程目標、和員工成長發展目標。而從員工成長發展目標來看，這四個目標之間是因果關係，也就說，財務的成長帶來的叫「果」，客戶是花朵，社會是枝幹，員工是根。這些目標之間也是因果關係。

因為它的目標之間是因果關係，所以目標的細項之間也會存在因果關係。當我們把公司級的目標全部填入表格以後，就會發現目標之間的因果關係會形成一條鏈子，多個目標之間就會形成多條鏈子。當形成多條鏈子時，我們會找到一條核心路徑，這個核心的路徑將形成一張網狀圖，這種網狀圖，我們稱為「策略地圖」。

第一章　夢想起點：以終爲始的績效管理

　　如果你是一名主管,請站在公司角度,拿出表 1-1,填入公司目標,用 SMART 原則檢視之後,畫出目標之間的邏輯關係圖,你將會看出這一年經營核心的路徑圖是什麼樣子。這個表可以解決目標不聚焦的問題。

第四節　挑戰與突破：
企業績效改進的五大障礙

企業績效的五個問題

講完目標是什麼，我們再來看看績效在企業的工作中，推行起來到底出了哪些問題。

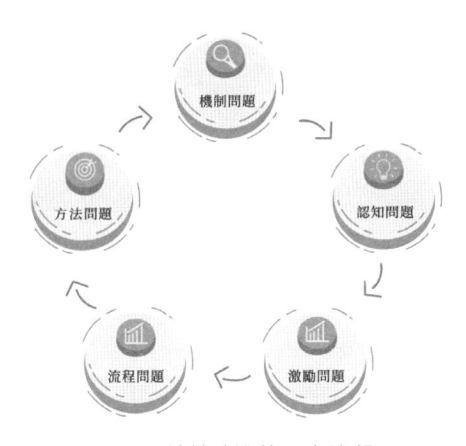

圖 1-9 績效改進的五大障礙

在圖 1-9 中，我們列出了五大問題。其實，企業績效改進應該是有六大障礙，其中有一個是隱含的問題。隨著對這些障礙的分析解說，隱藏的那個問題自然就會浮出水面了。

第一章　夢想起點：以終為始的績效管理

企業在績效推行的過程中，實際面臨的問題就是圖 1-9 所展現的五大問題。

1. 機制問題

一般情況下，企業的績效推行起來，面臨的第一個問題是機制問題。所以有一句話經常會被提起：「如果一個企業在機制上有問題，那就很難再有辦法去解決了。」因為這個問題，不在這個企業中的員工身上，也不在管理人員身上，而在這個企業所處的時代和大環境。

有人問：「既然這樣，還能解決嗎？」其實是能解決的，解決方法是進一步改革，但這不是單靠某個企業所能影響的。這樣的問題一般容易出現在哪些企業中呢？一些老牌國營企業往往存在這樣的機制問題。記得有一次，一名績效管理專家在與一些老牌國營企業的員工聊到這個話題時，員工們紛紛提出了同樣的感慨。實際上，很多東西並不是一個企業想解決就能解決的，還需要一定的機遇。所以，這些問題隨著企業的發展、進化、改革是可以解決的。

讀到這裡，可能會有人提出：「民營企業是否就不存在機制問題？」要知道，老闆的思維就是民營企業的機制問題。

很多時候制度是老闆簽名批准的，但也可能是老闆第一個跳出制度框架的。有人說過：「其實我的老闆就是第一個破

壞規則的。」由此我們可以看到,並不是說民營企業就不存在機制問題。想要解決這種問題,就要和老闆和員工進行合理溝通。

2. 認知問題

企業績效改善會遇到的第二個問題是認知問題。如果企業的整個背景不是老牌國營企業,也不是一些企業主管或老闆有僵化思維而形成的體制問題,那麼這個企業最有可能存在認知問題。而認知問題,其實不是大問題,因為認知問題就是一個企業想不想、敢不敢和願不願,而不是會不會的問題。所以在很多企業中,我們會發現一個現象,績效難做嗎?不難做。不管是目標背景、SMART原則還是四面向平衡目標,哪一個很難呢?沒有很難的東西。

所以不難發現,企業其實有時候不願意這麼做。同樣是閱讀和學習這本書中的內容,但這些知識被不同企業主管運用的效果是會完全不一樣的。

有的企業只是聽聽、看看、讀讀,沒有認真,但有的企業不僅能不斷消化吸收書中的內容,還能舉一反三的融入自己的知識體系中,甚至再實際運用到企業管理上。

有做得特別好的企業,它們擅於於跟上時代的步伐,學習新技術,並勇於創新,也虛心聽取市場的各種意見,願意

第一章　夢想起點：以終爲始的績效管理

接受並嘗試創新的管理方式，找到最適合自己企業與員工的管理模式。所以這些企業才會蒸蒸日上，而只有在這樣的企業認知下，企業才能發展成長得更好。

3. 方法問題

我們常常認為，企業績效的問題是出在了方法上。其實並不一定，對於這個問題，我們更應該思考到底用哪些方法考核績效才是最合適的？有的主管會說：「我們想用新方法。」新方法是有的，例如OKR（Objectives and Key Results）目標與關鍵成果法。這是一套確認目標、跟蹤目標及其完成情況的管理方法，它可以確認公司和團隊的目標，以及確認可衡量的關鍵結果。

還有KSF（Key Success Factors）關鍵成功因素法，它透過分析找出企業成功的關鍵因素，然後再圍繞這些關鍵因素來確定系統的需求，並進行規劃及全面的績效薪資管理。它是公司策略目標和價值觀轉化的具體行動方法，是強調薪資和績效密切關聯的重要方法。

當然還有很多其他的方法，但我們不要總想著標新立異。舉個例子，如果給你明星的外套，你能穿嗎？穿不了。也就是說，方法千萬種，合不合適很重要。

所以，企業的管理階層在推行績效的過程中、在目標分解的過程中，要無時無刻提醒自己：方法不要標新立異，適

合的才是最好的。有的人在剛開始看書的時候就說:「我們要去做 KPI。」但是如果想要做 KPI（Key Performance Indicators），企業得先有 KPI 才行，一個企業連 KPI 都沒有，那從哪裡去做 KPI 呢？

如果要去流程化，就得先有流程；要去標準化，就得先有標準。所以企業的績效方法，只有適不適合，沒有最好，也沒有越新穎的方法越好的說法。有的企業為什麼績效做出問題？別人用新方法，他也想用新方法，這麼來回瞎忙，最後把自己都忙壞了，這不是得不償失嗎？所以我們只能給一個建議，那就是找到最適合自己企業的方法。

4. 流程問題

流程問題是由結構引發，那結構又是由什麼引發的呢？在第一節中，我們講到了夢想決定策略，策略決定目標。而策略除了決定目標之外，還決定結構。由此帶來的結果是，策略一變，結構就會產生改變。但是有的企業，策略改變了，可結構卻還穩如磐石，遲遲沒有變化的動靜，這就導致流程出了問題。

這個部分在之前的內容中已經講過，所以流程問題是由結構造成的。很多企業在推行績效管理的過程中，發現員工不是全力以赴，而是全力應付。這什麼原因呢？結構流程出了問題。這也告訴我們，在推行績效管理過程中，我們的組

織結構一定要與策略相配。如果結構落後，和策略不相配，那當然會帶來流程問題。

5. 激勵問題

其實激勵問題並不是個問題。可以這麼理解，激勵是人造出來的，為什麼這麼講？因為激勵問題確實是你心裡想怎麼做，就怎麼做。有人會問：「那就沒解決辦法了嗎？」加一個「為什麼」，你就知道了。為什麼薪資激勵不足？為什麼獎金少？為什麼待遇低？歸根究柢，是企業分配機制中的核心決定的，也就是企業如何看待人力資本和人力成本的問題了。

所以激勵的問題，是人心造成的。只要觀念一變，問題自然就解決了。某個企業家說過一句話：「高薪可能帶不來高回報，但是低薪一定是帶不來高回報的。」

分析完前面五個問題之後，還會有一個績效的應用問題，也就是問題六了。有的企業從未好好用過績效結果，有的主管還會這麼想：「績效結果還不準確，醜媳婦不敢見公婆啊！」為什麼？因為前面的問題不明不白，操作得不清不楚，一塌糊塗，所以才不敢把績效結果拿出來讓員工看，同時也不敢做績效面談。

第四節　挑戰與突破：企業績效改進的五大障礙

績效改進中障礙的解決方法

既然出現了問題,那麼接下來該怎麼改進呢?首先我們要清楚,績效應用的六大問題,這個在後面的內容中也會講到。但是現在把這幾個問題挑出來,是想說明這是企業在推行目標分解、績效改進過程中的六大障礙。

除了第一個機制問題,我們沒辦法僅憑學習就能解決,其他的五類問題,我們在後面的章節中將陸續拿出探討對策,一起討論學習,這些是我們可以解決的。

但怎麼才能確定問題出在哪裡?下面給大家一張表,這張表叫「績效十八問」,見表1-2。我們在拿到這個表單以後,可以從自己的公司選一些主管來一起評分。

表1-2 績效管理問題診斷表:績效十八問

序號	問題描述	優5	良4	中3	差2	0
1	您的企業策略願景,您理解嗎?					
2	您的企業績效目標分解明確清晰嗎?					
3	您的企業績效目標在考核週期內達成難度高嗎?					
4	公司高階重視績效管理嗎?					
5	您的上級主管對部門績效考核是否積極負責?					
6	您認同公司的績效管理的價值和意義嗎?					
7	您的企業在目標分解過程中與您協商溝通嗎?					
8	您的組織與您及時地簽訂績效承諾書嗎?					
9	您覺得考核者對您的實際工作績效了解嗎?					
10	您覺得公司考核方法合理嗎?					

第一章　夢想起點：以終為始的績效管理

11	您覺得公司考核流程太過複雜嗎?					
12	您覺得您的評量指標能準確反映自己的工作績效嗎?					
13	您覺得績效評估結果與您的工作實際一致嗎?					
14	您對您的績效獎金滿意嗎?					
15	您願意在這樣的激勵下繼續努力工作嗎?					
16	您的上級對您在工作上有進行績效輔導嗎?					
17	您的上級是否有對您的不足之處給予意見回饋並協助查找原因?					
18	您有因考績優良被公司立為榜樣並提拔的可能嗎?					
合計:						
備註:	分值從低到高表示發生的程度或次數。					

在評分的過程中，我們可以稍微關注一下各個問題（每三個提問剛好對應我們剛才講的六大問題）在全部填寫完畢之後，就能分析出具體問題到底出現在哪裡、哪個問題最大。以表 1-2 為例，我們可以一起看看這張表的重點問題在哪裡。

本節作業

請根據這一節的內容，花幾分鐘，用空白的表 1-2 對你的公司做一個診斷，以利於複習，並學好後面的內容。這一節能帶給你的就是「績效管理問題診斷表」，希望能幫到你。

第二章
從被動到主動：
啟發內驅力的績效管理

第二章　從被動到主動：啟發內驅力的績效管理

第一節　由執行到行動：員工內驅力的激發之道

從這一章開始，我們將進入本書的第二大部分——化被動為主動。在第一章，我們了解到績效推行過程中出現的六大障礙，甚至從總體和個體角度看到了績效管理中存在的問題。那麼之後的內容就是尋求解決問題的方法。

從考核到管理，被動到主動的行動

這一節的主要內容是探討從考核到管理，這個從被動到主動的辯證關係中，如何更好面對或解決過程中出現的問題，這是為了在推行目標分解，也為了讓流程問題被更容易理解和解決。

管仲是著名的經濟學家、哲學家、政治家、軍事家，被譽為「法家先驅」。

在齊國財政危機日益嚴重，國庫空虛，鄰國之間戰亂頻繁，且仍對齊國虎視眈眈的情況下，管仲以卓越的謀略實施變法，大大激勵了百姓，使齊國經濟快速發展，變得國富民強，最終「九合諸侯，一匡天下」。當時並無遠大志向的齊桓

第一節　由執行到行動：員工內驅力的激發之道

公一躍成為「春秋五霸」之首。管仲為發揚齊國，而推行很多改革變法，例如專業化的商品經濟模式等，至今都還在被各個企業所使用。

其實，從績效考核到 OKR 績效管理也不是一下子就完成最佳化和改變的，它也有自己的一個發展歷程。蒸汽時代（1769 年～ 1873 年），最初的方法叫做「人事管理」，這是單純的考勤；電氣時代（1873 年～ 1950 年），人事管理不斷改進，後來才慢慢形成了初代的績效考核，這個時候，人們開始將這種管理方式和內容稱作「人力資源」；隨著經濟和科技的發展，到了資訊時代（1950 年～ 2016 年），我們迎來了績效管理的最佳化模式，這個階段我們稱作「人力資源策略」；人工智慧時代（2016 年至今）的到來和發展，使得績效管理又有了新的突破，出現了柔性內驅的模式，我們將其稱作「人力資本」。

由此可見，績效本身也一直在不斷完善和最佳化。所以身為主管，我們對員工的績效考核和管理也需要遵循一個過程，安排員工從被動到主動的適應績效也是如此。循序漸進的發展企業績效管理，並不斷最佳化，才是可取的方式。

我們大家熟知的一位管理大師叫彼得・杜拉克（Peter F. Drucker），他在談目標管理時說：「在超級競爭的環境裡，做正確的事很容易，始終如一的做正確的事情很困難，公司不

第二章　從被動到主動：啟發內驅力的績效管理

怕效率低，公司最怕高效率的做錯誤的事情。」也就是說，細節決定成敗要有一個前提，那就是策略正確。只有策略正確，細節才會有意義、執行才會有意義。所以，公司要避免高效的做錯誤的事，就要研究公司的目標管理是否正確。

公司是研究績效管理還是績效考核呢？既然目標要高效，那麼就要把績效管理和績效考核研究清楚 —— 企業剛性績效和柔性績效，到底哪一個在目標管理的過程中才有效？實際上，我們發現公司在推行績效考核的時候往往是剛性的；在績效管理過程中是剛柔並濟的。為什麼這麼說呢？

我們發現，績效考核或績效管理是客觀存在的。那麼我們該如何才能讓大家的感受變得比較舒服？為了解決這個問題，我們就得研究它的剛性和柔性兩方面，然後創造一種剛柔並濟的良性感受。

績效的本質原理

剛柔並濟的賦予團隊，並且讓員工都感到舒適，首先要研究績效是什麼。在這裡，可能會有人回答：「績效就是成績和效果。」從字面就可以這麼理解，其實績效就是公司想要的結果、行為和品質。既然公司從員工身上想要得到的叫績效，那當公司將自己想要的東西給員工時，是不是需要考慮一下員工的心情？可是很多公司主管在提出績效要求或是提

第一節 由執行到行動:員工內驅力的激發之道

出績效目標的時候,壓根兒就沒考慮過身為接受者的員工的心情,也沒考慮過他們是怎麼看待績效的。反正就是將一張表中設定好的標準傳達給了員工,要多少量、多少成本,都規定得一清二楚,然後就讓員工去做。

從圖 2-1 可以清晰看到,員工績效等於儲備性知識、程序性技能、內驅性動機的乘積。儲備性知識和程序性技能的發揮完全取決於內驅性動機,所以績效差,不是員工沒能力,而是員工沒有動力、團隊沒有向心力。激發員工的動機,員工才會選擇付出,員工的努力程度和努力時長就是績效管理的根本問題。

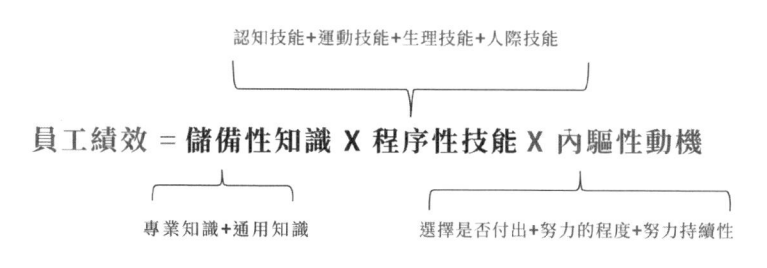

$$員工績效 = 儲備性知識 \times 程序性技能 \times 內驅性動機$$

儲備性知識:專業知識+通用知識
程序性技能:認知技能+運動技能+生理技能+人際技能
內驅性動機:選擇是否付出+努力的程度+努力持續性

圖 2-1 績效內涵結構關係圖

圖 2-2 告訴我們一個悲哀的事實:通常一些企業把績效當成了考核,當員工做完之後,主管只負責蓋棺論定。很多企業在做傳統績效時,都容易陷入四個失誤:一、在設定目標時,自上而下指派,缺乏互動;二、在帶領員工時,帶領等於監督控制,員工缺乏自主;三、在執行績效時,強制績

第二章 從被動到主動：啟發內驅力的績效管理

效達成比例，競爭大於合作；四、在評核結果時，績優變成包袱，導致員工害怕挑戰目標。

這四大失誤對企業推行績效管理造成很大的阻礙，這類企業從目標到考核的過程，實際上只形成發送目標方（資方）和接受方（勞方），而當這兩者能合作時，動機才是一致的，團隊才能協力達成目標。

自上而下指派，缺乏互動；● 目標
帶領等於監督控制，員工缺乏自主；● 輔導
強制績效達成比例，競爭大於合作；● 執行
績優變成包袱，導致員工害怕挑戰目標。● 結果

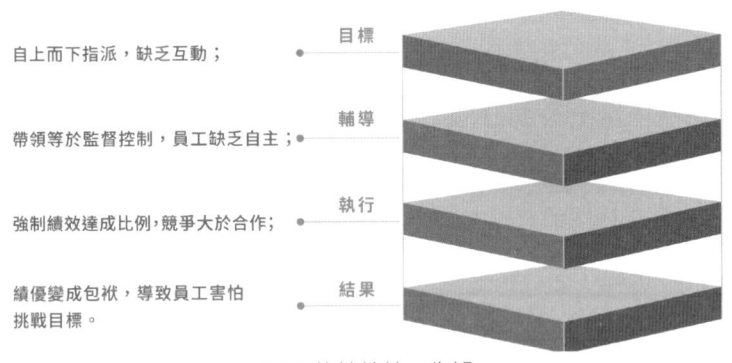

圖 2-2 傳統績效四失誤

在第一章〈夢想起點：以終為始的績效管理〉中我們曾講到：要想更好的推行績效管理，就應該有一個夢想的背景。也就是說，當員工實現了企業想要的結果之後，也能給企業和自身帶來價值的提升和身分的轉變，這時候企業才能考慮自己的成長。

只有到這時候，員工才願意付出他們的努力。

從目標到考核的過程中其實還會多一個環節，就是教練

第一節　由執行到行動：員工內驅力的激發之道

的環節。把一個目標交給團隊時，我們應該考慮怎麼傳達給員工，才能讓團隊成員「左右腦並濟」，從感性入手，用理性分析理性的問題；感性分析感性的問題。當理性昇華時候，我們會忽然發現，企業一直想要的結果、行為和品質，員工自己已經願意做了。只有員工願意接受、願意承擔，這才叫一個團隊。這時候，大家才是圍繞一個共同的想法一起工作。

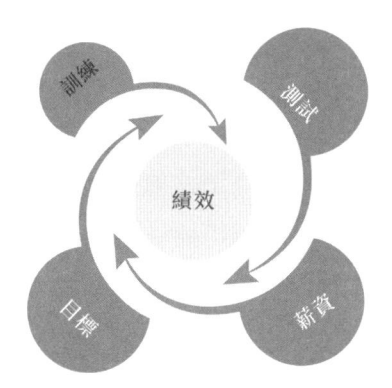

圖 2-3 績效考核關係圖

所以績效是什麼？績效就是公司想要的行為、結果和品質。而要把它賦予員工，讓員工去實現這些東西，那就需要我們繼續研究。在整個績效考核過程中，我們要做的第一個環節是什麼？那就是我們應該做好教練。

同時還有一件事情，我們要注意，企業提出的目標背景與當事人接觸的背景之間，還有一個文化背景體系，這該怎麼去理解呢？

第二章　從被動到主動：啟發內驅力的績效管理

我們知道，考核是用一種綜合方式評核員工工作績效，即「績效考核＝品質特徵法＋定性行為法＋定量結果法＋預測分析法」。而在績效考核中，主管往往重視的是定量結果法，因為其簡單而且單一，又與薪資掛鉤，但這樣的模式往往比較容易傷害員工的主動性。由於我們的目標是企業要求的績效背後所帶來的夢想，所以我們要透過訓練的方式傳達給我們的團隊，以及目標接手方。然後，當目標達成時，我們再去評核。

為什麼不叫考核呢？因為考核是一個蓋棺論定的事情，是往回看的。但是評核是為了往前看，也是能夠前後兼顧的事情。一個員工的考核業績可能一般，但是他未來的潛力不一定就是一般的，所以主管在看人的時候，要以動態的眼光去看。評核是一個績效管理中的考核，它是根據員工當下的績效和未來的潛力綜合評核的，並不是對當下完成的工作量的評核。可是，我們很多企業現在在做的考核就是對員工過去工作完成情況的一個蓋棺論定。

如果沒有完成，那就是錯的、不好的；如果完成了，那就是好的、優秀的。如此，就是將員工做事的結果性質一分為二，非黑即白、非好即壞。

其實，我們在評核一名員工的時候，是需要結合他的背景來看的。

評核完之後，根據對應的其他員工的績效來考慮薪資的問題，這就是我們講的成功的績效考核過程。

績效管理與績效考核

績效管理是什麼樣的呢？其實績效管理剛好比績效考核多了一個主動的關係。之前講述績效考核的時候加一個「教練訓練」，似乎有點主動，但是我們發現，如果大家不在一個共同的背景、願景或夢想下，那麼談任何方向都是白費唇舌。從圖 2-4 可知，策略方向是企業具體的目標指標，是企業要求的考核或評核，是企業做的薪資報酬發展，是企業定的。我們的傳統企業一直在做這個循環，卻從來沒考慮過按系統去區別、去確定，大家一起溝通、協商來達成一個雙贏的目標後，再把它傳達下去，教會大家如何去做，並一起查漏補缺，懲前毖後。

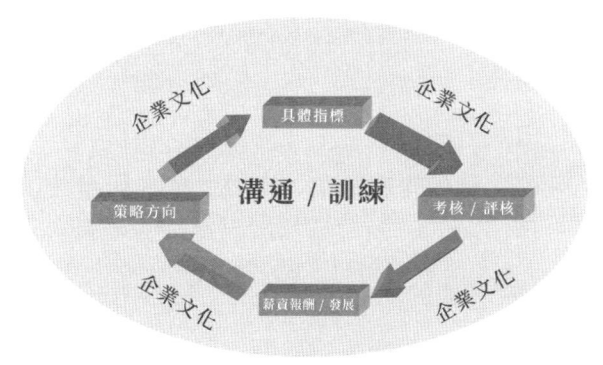

圖 2-4 績效考核與績效管理的關係

第二章　從被動到主動：啟發內驅力的績效管理

如此，就需要有一個共同交流的文化，同時還要以溝通和教練為核心。

很多企業的績效考核為什麼被動？是因為企業一直在做的是績效考核的循環，但沒有做到溝通與教練。其實我們會發現，在很多情況下，溝通，溝通，再溝通是績效的「核」；教練訓練是績效推行的「心」。而這個核心，必須在企業文化的背景下才能實現的。

可以這麼講，績效管理的主動展現，把從上而下的傳達變成了雙向溝通的體系。單向是被動強壓式的溝通，壓根本就沒考慮員工的承受能力和團隊的意願。我們在績效管理的過程中，要更加重視企業文化的背景，在共同的願景、背景和價值觀的環境下，才能形成合理的管理方式，進而讓團隊一起溝通、訓練，形成方法工具，把指標變成要求，進而變成需求。這時候我們再去考核的時候，員工才會有動力。

圖 2-4 展現了績效考核與績效管理的關係，同時也反映了主被動的關係。小結一下，一、績效管理和績效考核都是一個循環，績效考核是一個剛性的循環，其目標分解是從上到下的，強壓式績效管理的績效考核，雖然與績效管理是同方向，但溝通協商互動時，績效考核的訊息是單向的（從上到下），而績效管理的訊息是雙向的；績效考核的過程是硬性的，而績效管理就是剛柔並濟的；績效管理是一個共通的

雙向循環,但績效考核是一個單向循環。那麼績效考核帶來的結果是在一段時間中可以讓公司績效卓越,可以讓公司受益,但不能讓公司永續發展。而績效管理卻可以讓公司和員工共同成長、共同受益,讓公司長青。這就是績效考核和績效管理的異同。

本節作業

查閱相關數據,結合本節講的內容,分析績效考核和績效管理的主被動關係,並整理成兩個對照表,可以從應用範圍、洽談、實施過程、操作流程、指標分解的問題、回饋結果處理、績效激勵等方面做區別。我們很多人不願意進行雙向目標分解,是因為我們一直沉醉在績效考核單向的權威中。請用一張白紙列舉出來考核與管理的區別,並細細品味一下,我們該做什麼樣的績效管理才能解決企業的實際問題。

第二章 從被動到主動：啟發內驅力的績效管理

第二節　績效迷思：考核與管理常見失誤的解析

績效考核與管理的困惑

在企業績效考核中，大多數人從來都沒有達到過自己的目標，原因在於他們根本就沒有定義過自己的目標，或者是從來都不認為自己所定的目標是可信的或可以達到的。但是那些成功達到自己目標的人明確的知道自己要去哪裡、會沿著這條道路做些什麼以及哪些人會在這條道路上與他們並肩戰鬥。上一節，我們解析了績效考核與績效管理的區別，那麼在這一節中，我們的目標就是一起看看企業績效考核和管理在推行過程中，會有哪些困惑，這些困惑的內容到底是什麼。

談起企業，績效一直都是亙古不變的話題。績效推行的過程，實際上就是一個 PDCA（Plan-Do-Check-Act）循環的過程。PDCA 循環由愛德華茲·戴明（W. Edwards. Deming）提出，所以它又稱「戴明環」。

戴明博士是世界著名的品管專家，他因對世界品管發展

第二節　績效迷思：考核與管理常見失誤的解析

做出的卓越貢獻而享譽全球。以戴明命名的「戴明品質獎」，至今仍是日本品質管理的最高榮譽獎。PDCA 循環應用了科學的統計觀念和處理方法，是發現問題和解決問題的有效工具，其典型的模式有四個階段（P、D、C、A）、八個步驟和七種工具。它是能使任何一項活動有效進行的工作流程，特別是在品管中用得最多。例如，PDCA 循環可以分析品質問題中的各種影響因素，並針對這些因素，分析合適的解決方法。

圖 2-5 績效管理四大基本內容

品管的基礎和方法就是 PDCA 循環，它的含義是將品管分為四個階段：P（Plan）就是計劃階段，我們要研究目標跟願景的關係，研究目標分解，再到計劃行動的一個過程，包括方針和目標的確定、活動規劃的制定。D（Do）就是執行階

第二章　從被動到主動：啟發內驅力的績效管理

段,我們要做好每一步驟,根據已知的資訊,設計具體的方法,並計劃布局,再根據方法和布局,進行具體的運作,實施計畫中的內容。C (Check) 是檢查階段,總結執行計畫的結果,分清哪些對了、哪些錯了,找出問題,要檢查並回饋每一個步驟的操作結果,同時把這個結果回饋到計劃階段去。A(Action) 是處理階段,即處理檢查的結果,對成功的經驗加以肯定,並標準化;對於失敗的教訓也要總結,多家重視;對沒有解決的問題,應提交到下一個 PDCA 循環中去解決。

企業主管應該都對 PDCA 很熟悉,在日常工作中會遇到,也會接觸到,甚至還會這麼去做。但我們在推行績效管理最大的困惑和難點在哪裡呢?我們往往做計畫的能力是很強的,但是執行、檢查和回饋的過程有時候會很糾結,也很被動。

績效管理過程有四大基本內容。一、目標:我們在第一部分「夢想連結夢想」的時候講到,目標確定是一個雙向的過程,必須研究目標背後的關聯,那目標確定的主體是公司還是個人呢? 二、計畫:計畫是公司主管和團隊預期的,應該誰來做呢? 三、輔導:這是主管的工作,那公司誰來進行輔導呢? 四、回饋:回饋不是人資部的事,而是主管該做的。為了弄清楚到底出了哪些問題,我們得做一件事情,也就是透過 PDCA 循環研究企業績效推行中的循環、研究每一類人在推行中的優勢、劣勢、威脅和機會。

第二節　績效迷思：考核與管理常見失誤的解析

其實這一節內容很簡單，就是告訴大家一個用於推行績效管理過程中的工具，這個工具可以幫助我們尋找誰出了問題、如何檢討問題，透過哪些工具或方法能把這個問題找到。這個工具的使用過程很有必要，而且是我們在推行績效目標分解、執行、檢查和回饋過程一個必要的前置作業。如果沒有前置作業，這些困惑就會一直縈繞在整個績效管理推行的流程裡。由此可見，在績效推行之前，員工化被動為主動時，必須一起探討清楚在 PDCA 循環過程中，到底是哪一類主管或者哪些人員出現問題，進而導致企業的績效管理推行存在各種困難。

關於如何去檢討和分析，我們把PDCA和SWOT(Strengths, Weaknesses, Opportunities, and Threats) 結合起來，形成了一張綜合分析表。那麼此時要注意一件事情，在實行目標的過程中，會出現一些不可預測的問題，例如，實行目標的環境、條件、資源、人員等發生了變化。當遇到這些問題時，我們需要根據實際情況對目標進行及時的調整和回饋。

如果我們能過程中發現各種條件、環境、資源發生變化，那我們就能前瞻性的看到，並可以根據實際情況做一些前瞻性的調整，讓我們在企業績效的推行中，反思整個循環，哪些人、哪些事值得我們去關注；哪些是優勢、哪些是劣勢、哪些是危險、哪些是機會。很多情況下，不是我們不願意知道這些問題，而是我們把它忽略了。

第二章　從被動到主動：啟發內驅力的績效管理

有人曾經問過，很多企業的主管在企業發展和績效管理的推行中，有沒有反思過整個循環過程？很多主管都笑了笑說：「有在做。」可是他們是怎麼做的呢？不過是「你好、我好、大家好」這般糊弄著就過去了，實際上這是把吵架延遲了。如果我們在績效管理的計畫階段，在研究 PDCA 循環的時候，能前瞻性的看到每一類推行績效的部門員工的優勢、劣勢和威脅、機會，那我們就可以在推行過程中把這一個問題消化到影響最小的程度。雖然不可能徹底解決這些問題，但至少能不造成決定性的或致命的影響。

SWOT 優劣勢分析表

面對這種回饋或阻礙，我們該如何去行動呢？我們需要依循 PDCA 循環，不斷反思和自我檢視，以及了解如何去用。在此之前，我們先看看 SWOT 分析表，這個表並不像我們想像的那麼複雜。它是將與研究對象密切相關的各種主要內部優勢、劣勢和外部的機會和威脅，透過調查列舉出來，並依照矩陣形式排列，然後把各種因素相互搭配起來，加以分析，從中得出一系列相應的結論，而結論通常帶有一定的決策性。S（strengths）是優勢、W（weaknesses）是劣勢、O（opportunities）是機會、T（threats）是威脅。按照企業競爭策略的完整概念，策略應是一個企業「能夠做的」（即企業

第二節　績效迷思：考核與管理常見失誤的解析

的強項和弱項)和「可能做的」(即環境的機會和威脅)之間的組合。

用 SWOT 分析表制定團隊績效執行、分析計畫的基本思路是：發揮優勢因素、克服弱勢因素、利用機會因素、化解威脅因素，考慮過去，立足當前，著眼未來。運用綜合分析方法，將考慮的各種環境因素加以組合，得出一系列公司團隊績效推出發展的可選擇對策，可用來分析團績效推行過程中人員的情況。在後面，我們將會把它和 PDCA 循環結合在一起使用。

	優勢 (S)					弱點 (W)				
	1.	2.	3.	4.	5.	1.	2.	3.	4.	5.
機會 (O) 1. 2. 3. 4. 5.	SO 策略 發揮優勢 利用機會					WO 策略 利用機會 克服弱點				
威脅 (T) 1. 2. 3. 4. 5.	ST 策略 利用優勢 迴避威脅					WT 策略 減少弱點 迴避威脅				

圖 2-6 SWOT 綜合分析圖

第二章　從被動到主動：啟發內驅力的績效管理

在計劃階段，要分析各類人員的優勢、劣勢和威脅、機會；在實施階段，甚至是最後的回饋和檢查階段更是應該做這個事情。但很多企業往往是在做完目標設定之後，便跳過這一步，直接進入目標和計劃的對接過程，沒有研究自己企業中的主管、員工或整個團隊的優勢、劣勢和威脅、機會。

在研究完這些內容後，我們就會知道在推行績效計畫、實行績效管理，甚至於績效考核、評核的過程中，哪些部分可以發揮員工的優勢？哪些可以借用我們的機會？企業又能減少哪些劣勢？避免哪些威脅？這些內容兩兩一組，如圖2-6，我們會知道SWOT分析可以研究出一個公司的策略：發揮優勢，利用機會，即SO策略。因此，推行績效管理的過程中，我們在計劃實施和回饋檢查階段，同樣可以採取發揮優勢。

例如，主管很重視的話，那就可以借主管這個東風去推行機會；如果企業剛好遇到改組，那麼利用改組期間也可以解決這個問題。這時候分析勢在必行，而且是很必然的第一件事情。如果發現有機會，而且有劣勢，那利用機會，減少劣勢，叫WO策略；利用優勢，避免威脅，是ST策略；減少劣勢，避免威脅，叫WT點策略。這幾個是從SWOT排列組合的，當把這些綜合起來，再進行改進，並加上PDCA循環後，這張表其實就是四張表，也就是，在績效管理推行的四個階段，這是我們必須進行的一張表（如表2-1所示）。

第二節　績效迷思：考核與管理常見失誤的解析

表 2-1 SWOT 優劣勢分析表

區分	內容	優先順序				區分	內容	優先順序			
		重要度	緊急度	影響度	NO			重要度	緊急度	影響度	NO
S	優勢：國營企業，誠信度高；合作規定靈活	4	4	4		W	劣勢：開展戰略合作業務較晚，品牌知名度低，合作夥伴少	5	5	5	
O	機會：空白領域多，發展性大，有能力可盡情發揮	4	3	3		T	戰略合作拓展期，業績見效週期長，人員穩定性差	5	4	4	

備註：重要度、緊急度、影響度，三度按照很重要、重要、一般、不重要、很不重要的程度分為 5、4、3、2、1 分。

要想企業能好好解決績效推行中的問題，我們必須使用 SWOT 優劣勢分析表，這是我們在本書中提供給大家的表單，這張表的內容填寫也會作為這一節結束後的作業。表單內容不一定是最完美的，但是一定是真實發生過的。

表 2-1 中這張作業是某主管在自己企業的計劃階段，分析企業的優劣勢後填寫的。以這張表上的內容為例，我們可以進行一番分析：這個企業的優勢在於它是一個國營企業，其誠信度高，合作規定靈活，是一個先進的、市場化充分的國營企業。這一點優勢的重要度是 4，緊急度也是 4，也就是

第二章　從被動到主動：啟發內驅力的績效管理

說目前國家政策在這方面是特別靈活的；影響度也是 4，這個分已經不低了。

第二個內容是劣勢，這個企業開展戰略合作業務比較晚，也就是說之前，只是在自己領域裡耕耘，沒有開發市場，所以品牌度、知名度比較低。以前只忙著生產，埋頭苦幹，沒有抬頭看路，沒有去市場看一看。所以這就告訴企業，這個部分的重要度是較高的。

在當前的市場經濟環境下，這確實是一個劣勢了。原來還可以埋頭苦幹，但現在才發現，這種情況是被動的，只是做工作、生產，而不去宣傳和發展，那麼就會沒人知道這家企業，所以影響度和緊急度很高。

這是表格中分析到的劣勢，那否決事項呢？既然這家企業現在還生存著，也就不用說這個專案的否決事項了。機會在哪裡呢？機會就是這個企業的市場空白領域多，發展品牌大，有能力可盡情發揮。這個部分的重要度很高，那緊急度和影響度就不大了，也就是說，企業是高新領域，且這個領域空缺比較大，誰占領市場、利用好政策，誰就能發揮機會。而劣勢呢？這家企業目前是從新領域轉型過來的，業績拓展週期長，穩定性差，重要度很高，而緊急度不是一、兩天能解決的。

希望大家能在學習績效管理之前，試寫這張表格，並在之前先進行分析。最好也能交給公司裡不同類型的員工來填

第二節　績效迷思：考核與管理常見失誤的解析

寫，至少可以選三類員工。

例如，第一類成員就是公司高階主管，高階主管階層在公司中是主導績效管理的，我們填一填這張表，再看看績效推行的優勢、劣勢、威脅、機會；第二類成員，選擇三到五名中階管理層和人資部門的職員。第三類成員，選擇幾名員工代表，一般不超過五位 —— 為了獲取一定的樣本數，選擇 20 位以內就可以。為什麼不能大量去做，因為很多情況下，數量多不一定帶來結果就好，其實大家是趨近相同的。

兩、三名高階主管，三～五名的中階主管，加上五位左右的基層員工來填這張表，我們就可以從三個層次獲得公司績效推行過程中的問題、機會、優勢、劣勢。加以綜合分析之後就能得出，哪些重要度高、哪些緊急度高、哪些影響度高、哪些一旦出現，企業的績效管理就沒法推行了。

這張表就像我們生病去醫院要做電腦斷層掃描一樣。這張表是我們在推行目標分解之前做的一張電腦斷層掃描表，對企業的高、中、基三類成員在推行績效的過程中、計劃階段、實施階段、檢查階段、回饋階段做的工作，能從重要度、緊急度和影響度去分析。四個指標分析完之後，我們就可以看出，這家企業在推行過程中是利用機會，發揮優勢，還是減少劣勢，解決危機。企業主管需要從中選擇一種推行績效的方式。

第二章　從被動到主動：啟發內驅力的績效管理

本節作業

為解決企業績效推行的實際難題，在推行目標分解之前，把各類情況摸清楚，完成表格和自我思考。

SWOT 優劣勢分析表

區分	內容	優先順序				區分	內容	優先順序			
		重要度	緊急度	影響度	NO			重要度	緊急度	影響度	NO
S						W					
O						T					

備註：重要度、緊急度、影響度，三度按照很重要、重要、一般、不重要、很不重要的程度分為5、4、3、2、1分。

第三節　系統方法：
三大績效管理策略全面解析

績效管理的發現與 MBO

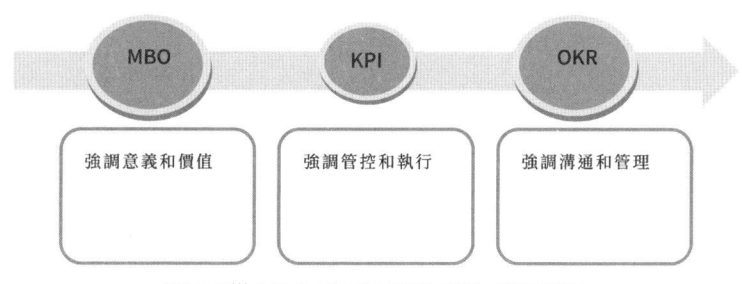

```
MBO          KPI          OKR
強調意義和價值  強調管控和執行  強調溝通和管理
```

圖 2-6 從 MBO 到 KPI 再到 OKR 發展歷程

這一節，我們來解決一個問題，那就是企業在推行績效管理過程中，可以用哪些方法解碼所設立的目標和分解預定的指標。現實生活中，其實我們有很多方法可以選擇，例如四類三項。為什麼叫四類三項呢？所謂四類就是 MBO（Management by Objectives）、BSC（Balanced Score Card）、KPI（Key Performance Indicator）和 OKR（Objectives and Key Results），本書把 KPI 和 OKR 歸在了一起，所以它們就變成了三大類，即三大方法。這幾個方法隨著歷史的發展，至今

第二章　從被動到主動：啟發內驅力的績效管理

仍被無數企業所使用，甚至在企業績效管理過程中，我們常用的很多方法都源於這些內容。

績效的發展是從 1967 年彼得・杜拉克（Peter F. Drucker）的 MBO 開始，到喬治・杜蘭（George Duran）的 SMART、羅伯・柯普朗（Robert S. Kaplan）和大衛・諾頓（David P. Norton 的 BSC、KPI，直至如今約翰・杜爾（John Doerr）的 OKR。我們在實踐使用的過程中，不斷歸納整理發現，這些績效管理的萬法皆通，大道至簡，其核心的理念不是最佳最好的，而是最適合才是最好的。我們知道，績效管理從原來的上級思考，下級執行，到上下同心，協商制定企業績效計畫，實行企業策略目標，這是企業績效發展的一個必然趨勢。企業選擇哪一個績效方法才最適合？我們在接下來的內容講述中，將逐一分析介紹。當然方法不僅僅有這幾個，但現階段很多企業主要還是圍繞這三大方法，所以本書中就不再講解其他方法了。

績效管理有三大方法：MBO、BSC、KPI/OKR。

第一個方法 MBO（Management by Objectives），即目標管理，這是彼得・杜拉克提出的一種科學管理模式。很多企業目前都在用這個模式經營與管理企業。企業本來就是一個目標傳承的體系，杜拉克的目標管理恰好是一個從上到下的分解體系，它強調公司的參與、團隊的參與及各級主管的合

第三節　系統方法：三大績效管理策略全面解析

理發揮和團隊智慧的發揮。這並不是一個剛性的，從上往下強壓目標的過程。

MBO 是以目標為導向、以人為中心、以成果為標準，使公司和個人獲得最佳業績的現代管理方法。MBO 注重結果，它是一種先由公司高層提出公司在一定時期的總目標，然後由公司內各部門和員工根據總目標確定各自的小目標，並在獲得適當資源配置和授權的前提下，積極主動為各自的小目標奮鬥，最後讓公司的總目標得以實現的管理模式。所以，目標管理亦稱「成果管理，這是為了讓公司在員工的積極參與下，能自上而下的確定工作目標，並在工作中實行「自我控制」，進而自下而上的保證目標實現。

另外，杜拉克還強調了團隊的參與，大家共同協商來確定公司目標。但在現實生活中，目標雖然是從上到下承接下來的，可有時候員工由於沒機會與主管交流溝通，最終導致在目標管理過程中將績效管理做成了單向推行。員工會反映一件事：目標是否有討價還價的餘地？是否老闆、主管怎麼說，基層員工就要怎麼做？企業主管在閱讀和學習本書之後，可以去和自己的公司、部門達成共識。其實這和我們在第一章講的夢想連結夢想中，關於目標的部分所提到的概念是一致的。

除了 MBO，其他內容在這裡都會進行一個簡要對比，並

第二章　從被動到主動：啟發內驅力的績效管理

整理成一張有意義的表。這張表能在大家選擇績效管理方法時，提供一些幫助或參考。

績效管理的第二個方法，也是我們要重點講的方法：KPI 和 OKR。

KPI（Key Performance Indicator）是關鍵績效指標，是透過對公司內部進行設定、取樣、計算、分析，衡量流程績效的一種目標式量化管理指標，是把企業的策略目標分解為可操作的工作目標的工具，也是企業績效管理的基礎。KPI 可用在部門主管確認部門的主要責任，並以此為基礎，確認部門員工的業績衡量指標。企業建立明確的、切實可行的 KPI 體系，是做好績效管理的關鍵，它常常用於衡量員工工作績效表現的量化指標，是績效計畫的重要部分。

OKR（Objectives and Key Results）是目標與關鍵成果，是一套確認目標、跟蹤目標及其完成情況的管理方法，其主要目標是確認公司和團隊的「目標」，以及確認可衡量的關鍵結果。有本書將 OKR 定義為「一個重要的思考框架與不斷發展的學科，旨在確保員工共同工作，並集中精力做出可衡量的貢獻」。OKR 可以在整個公司裡共享，這樣團隊就可以確認公司目標，幫助協調和集中員工的精力。

那麼這兩者之間有區別嗎？有人說它們之間的區別是：KPI 是從上往下，從策略出發的關鍵指標。KPI 是「要我做事

第三節　系統方法：三大績效管理策略全面解析

情」，強調了公司目標的達成，還強調了層層分解下來，保質保量的完成預定目標。它代表的是關鍵績效指標。而OKR則是「我要做事情」，它強調了KR，也就是關鍵結果量化，並非O目標的量化。它是對於做完某個目標後出現的關鍵結果是否能被接受的過程，公司要做的原因是因為目標實現之後，KR能出現。但是KPI強調的是，公司要的是個人或團隊目標的實現，至於關鍵的KR（你關注的或者我所要的結果）能不能出現，已經不是公司要關心的事了。

　　有的人始終覺得，當時設計KPI的時候，最初可能想的跟OKR一模一樣，也就是目標實現之後，公司便也能達成共識了。就像在之前的內容裡講到的，KPI也是從目標往下走的過程中，雙方目標、價值、願景達成一致的過程。很多企業這麼多年只是把KPI給做歪了，他們一味強調KPI的團隊行為性和團隊要求性，卻忘記了KPI的結果實現之後，還有背後的目標。所以，後來有人就提出了OKR，以此強調目標和關鍵，最終使得兩個方向都重視，且更應該關注關鍵結果的出現。實際上，Google把OKR用於專案，後來OKR就漸漸廣泛運用於科技公司的一些專案管理過程中，而KPI則是和原本的科層體制相關。

　　那KPI和OKR這兩個方法從根本上是否有區別？其實這兩個方法，目前每個企業都在用，誰也無法真正替代誰。

第二章　從被動到主動：啟發內驅力的績效管理

因為誰取代誰並不重要，我們要的並不是完美的方法和模板，而是最適合的。哪個是適合的，企業就會選擇用哪個。就像做一件事，硬體設備很先進，但使用者不會操作，那又有什麼用呢？OKR再先進，它不適合某個企業，用了也只是徒增煩惱。

績效障礙第三個問題，也就是我們在第一節講到績效管理推行障礙的時候，提到的第三個技術問題。很多企業在KPI和OKR的選擇中糾結著，有的人認為應該運用OKR，因為其他企業運用了之後發展得很好，如果自己的企業不這麼做，可能就不夠先進。但實際上，不是方法先進、技術先進，企業的產出就是先進的，還要考慮企業的現實情況和管理環境，找到合適的績效評核方法才是最重要的。KPI適合科層體制，適合從上到下的過程。OKR強調讓大家協力，即「我要做事情」，強調了KR的結果，而非O的量化。這時候就會發現KPI和OKR兩者區別。我們可以細看下圖2-7～圖2-9。

KPI	OKR
要我做的事	我要做的事
強調目標達成	強調KR（關鍵結果）的量化而非O（目標）的量化
強調的是如何保質保量地完成預定目標	強調的是對於專案的推進
代表關鍵績效指標	代表目標和關鍵結果

圖2-7 KPI與OKR的區別1

第三節　系統方法：三大績效管理策略全面解析

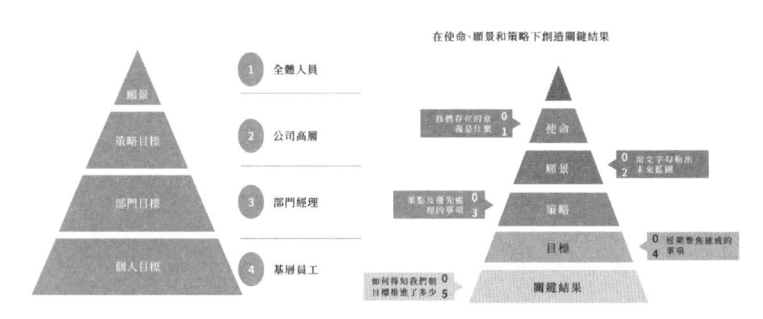

圖 2-8 KPI 與 OKR 的區別 2

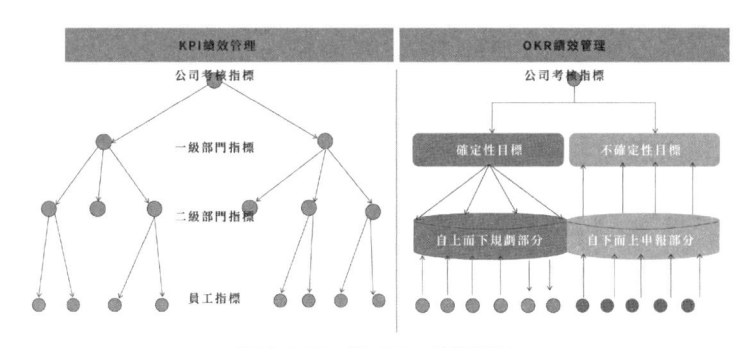

圖 2-9 KPI 與 OKR 的區別 3

對比來看，雖然都是從願景使命出發，但 KPI 跟 OKR 還是有很多區別的，它們之間的區別就在於 KPI 是由公司提出願景的，然後有策略目標、部門目標、個人目標等，從頭至尾強調的都是各級人員如何實現目標。但 OKR 則是強調在使命、願景、策略創造下的關鍵結果是什麼，它研究目標，卻不太在乎目標的實現，而是研究在使命、願景、策略下的目標，在將來會創造一個什麼樣的關鍵結果？這個關鍵結果和公司全體員工的關聯是什麼？也就是我存在的意義是什麼？

第二章　從被動到主動：啟發內驅力的績效管理

我存在的意義是為了實現關鍵結果，這個關鍵結果跟我有關係嗎？以及要實現這一個關鍵結果，優先要重點處理什麼？

所以，從根本上，OKR 一開始就是主動的，聚焦於近期的目標，想要實現願景和使命，重點是先進行 SWOT 分析，透過分析最終願景和使命的優劣後，再重新聚焦到近期的目標上。員工就會發現一件事情，目標不是別人給出的，而是在願景、使命、策略產生的關鍵結果的驅動下，讓成員們自己意識到的。所以這個目標一實現，企業的關鍵結果就出現了。也就是說，企業的員工需要知道，當朝這個目標推行時，就可能獲得關鍵結果。

總結一下，KPI 和 OKR 的區別在於：一個是由因導果，有這樣的目標願景，我要那樣的結果；一個是由果導因，有這樣的結果，要不要去做這樣的事情。所以這兩者之間雖然角度有點區別，但最終目標卻是一致的，都是要把企業的績效推得特別棒。

如果這麼理解，OKR 就是把願景和關鍵結果打通了的 KPI。也就是說兩者有相通的地方，現實生活中這兩種方法在各自的領域裡發揮著作用。那麼企業究竟要不要用 KPI 替代 OKR 或者用 OKR 替代 KPI 呢？只能說，這取決於企業的現狀。適合則替換使用，不適合千萬不要強扭，畢竟我們都清楚強扭的瓜是不甜的。

第三節　系統方法：三大績效管理策略全面解析

BSC 的介紹及使用方式

繼 KPI 之後，我們再來說說第三個方法 BSC（Balanced Score Card），即平衡記分卡，這是常見的績效考核方式之一，是從財務、客戶、內部營運、學習與成長四個角度，將企業的策略落實為可操作的衡量指標和目標值的一種新型績效管理方法。不管 OKR 還是 KPI，BSC 跟它們的角度都不一樣，它完全是從另外一個角度開啟的。它不涉及 KPI 內容，只涉及目標從哪幾個方向分解。看到下圖 2-10，是否覺得很熟悉？為什麼熟悉呢？

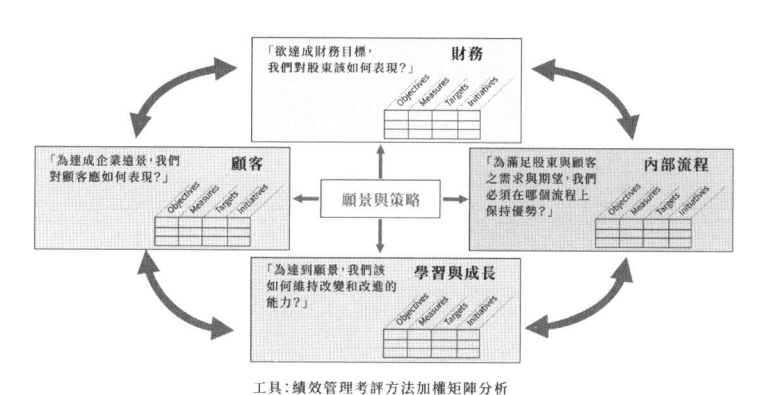

圖 2-10 績效管理考評方法加權矩陣分析

原來從願景和使命出發，最終形成的四面向平衡目標就是平衡積分卡的體系。體系的四個面向是柯普朗和諾頓提出，並和團隊研究後，發表並運用的成果。目前，那些成功的五百強企業都在採用這個策略。

第二章　從被動到主動：啟發內驅力的績效管理

　　平衡積分卡只是把目標體系按既關注財務又關注成長、既關注內部又關注外部、既關注長期又關注短期等幾個平衡來看，所以把它叫平衡計分卡。這個工具是按照四個面向，在公司目標分解的同時，在任何一個面向都可以用 KPI 或者 OKR 體系去分析。我們可以這樣歸納，平衡積分卡把目標體系分類之後，將大的總體目標或是一個龐大的體系，清晰的分類，然後再進行 KPI 的層層實行或者 OKR 的推行。這都是可以進行的，所以，它們可以交融在一起用。

　　那到底企業是用平衡積分卡與 KPI/OKR 的綜合體呢？還是用單一的方法？平衡積分卡跟目標管理其實也是有關聯的。MBO 是一個總體的企業經營目標，而 BSC 又能把目標分成四個面向，平衡的往下推行，這個過程還可以融入 KPI 和 OKR。所以，在績效管理的推行過程中，我們到底用哪一個方式才是最合適的？是直接用簡單的 MBO 不用去歸類，還是用 KPI 或 OKR？要不要用平衡積分卡？選擇某一個方法又取決於什麼？這就需要我們做一個分析對比，才能決定使用哪一個工具。

　　那麼，一個公司如何選擇用哪一個考核工具呢？

　　第一，我們要考慮的是加權平均表，即我們考核的第一項——時間成本。

　　使用一個工具前，需要考慮它的時間成本。企業的時間

第三節　系統方法：三大績效管理策略全面解析

是有限的，如今的市場和企業發展是只爭朝夕，不再是大魚吃小魚，而是「快魚吃慢魚」的情況了。再者，現在大家都是快魚，那就變成誰更快的問題。如果這個方法用完之後，等待了一年時間，結果還沒出現，那要它做什麼呢？

第二，當時間成本沒問題的情況下，這個方法是否有效？其實，能否有效評核員工，是企業需要考慮的重點。

第三，可行性，這個方法在團隊是否可行？例如，平衡積分卡對公司的結構和策略要求特別嚴格，它需要公司有完整的結構，層級清晰、結果分明、結構穩定。但是很多情況下，我們發現部分中小企業根本不具備這樣的條件。最後還得考慮一件事情，就是推行這個方法的成本。

所以，MBO 和 KPI 的推行可能相對簡單一點，但 OKR、平衡積分卡還有其他等方法的推行，需要一個大體系。這時，人力成本和時間成本就都上來了。另外，還需要考慮的是推行這些方法的風險指數，任何一個企業推行一個新績效考核方法，都會改變團隊行為模式。既定的行為模式就會成為推行新方式的一種阻礙，而這種阻礙從某種意義上會影響方法的使用，所以如果一個方法，想很好的融合到原有流程中去，那風險性就要是最小的。

用錯了一個方法，就像輸錯了一種血液，不同的血型進入體內是沒法運作的，不但救不了命，甚至還會帶來生命危

第二章 從被動到主動:啟發內驅力的績效管理

險,一個錯誤的方法進入一個不合適的單位中去,就會影響到企業的生命和發展。

所以,將績效管理考核工具表給大家,大家可以在要選擇績效考核方法的時候,從自己研究過的眾多方法裡面把這些面向寫進去,其中的占比是根據大量的數據推算出來的,有效性質占比 40%;時間成本、可行性和風險性占 20%;成本占 10%。如果上面四個指標都滿足了,這種企業通常是願意在自己能獲利的地方去花成本的。

本節作業

填寫績效考核工具表,嘗試解決企業績效方法選擇的問題。

績效管理考核工具選擇表

序號	方法	時間成本	有效性	可行性	成本	風險性	合計分數	排序
	權重	0.2	0.4	0.2	0.1	0.2		
1	MBO	4	5	3	2	1	3.8	
2	KPI							
3	OBR							
4	BSC							

註:加權優選矩陣分析法用於分析企業績效工具選擇,每項採分點滿分5分,加權合計後為該方法在企業使用的適應度。

第四節　五步設計：構建高效績效管理流程

績效管理的具體步驟

這一節將主要分享績效管理中的幾個循環階段，明確來講，這些應該是績效管理具體步驟的第一步，即職責分工的問題。接下來就讓我們一起了解一下績效管理的步驟為什麼要這樣設計。

大家一定都聽過三個和尚的故事，一個和尚挑水喝；兩個和尚抬水喝；三個和尚沒水喝。大部分人聽了就只是一笑而過，但仔細想想其中的關聯，我們就會發現這其實是一個關於績效管理的經典故事。我們思考一下：為什麼一個和尚的績效好過兩個和尚的績效呢？為什麼有了三個和尚以後，就沒有績效了呢？

那是因為績效管理的推行過程出現了問題。三個和尚在打水工作中分工不清，互相推諉，最終導致績效為零。目標不清，職責不清，分工不清，合作不利，這個團隊是沒有辦法進行循環發展的。那怎麼樣才能避免這樣的情況在企業中

第二章　從被動到主動：啟發內驅力的績效管理

出現呢？我們需要先了解企業績效管理的步驟都有哪些。

績效管理的具體步驟分為五個（如圖 2-11 所示）。

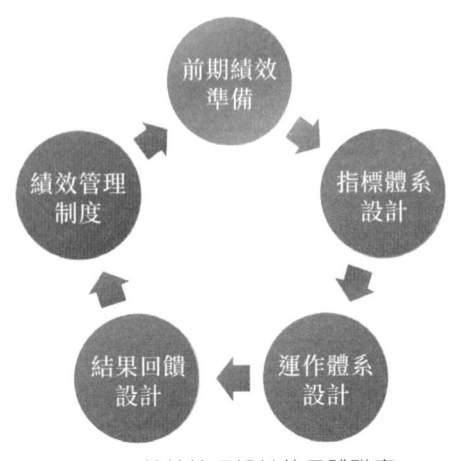

圖 2-11 績效管理設計的具體職責

績效主管所承擔的職責

這一節重點講解前期準備階段，接下來先看看職責分工這個環節。

1. 職責分清，達到雙贏

績效管理到底是誰的事呢？好像無論歸到哪裡，哪裡都在推託：「這事兒最好別找我。」但是我們都清楚，企業中每個人都有自己相應的職責，每個企業都有主管或人資負責考核，他們有三項功能：

第四節　五步設計：構建高效績效管理流程

第一項是目標確定，用來確定企業和員工目標。其實我們知道企業目標和績效目標是企業的高層設定的。除了定目標，還需要定目標的意義和價值，而為了思考清楚目標的背景、價值與員工間的關聯，可以嘗試讓中階主管或人資來確定。

第二項是體系支持，在整個績效管理的運作過程中，無論是目標分解、計畫執行，還是指標推行、承諾書簽訂，都需要一個強而有力的推行者，這就是企業的中階主管或人資要做的事情了。如果沒有這樣的支持，全依靠人資去做，那可能是推行不動的。當然，如果指望經理單獨主動去做，那更是有點兒異想天開。

第三項是申訴仲裁。在一個企業中，員工有異議的時候就可以去申訴。當因為考核發生爭議的時候，中階主管或人資就可以作為仲裁團隊來評定是非。

這三件事聽起來好像都很棘手，但工作量似乎又不太大，所以很多人認為，這沒有什麼職責可承擔。但是有時候，在很多關鍵的地方，中階主管或人資有非常關鍵的作用。

2. HR 績效責任

有時在公司的各部門會議中，往往會出現這樣一種場景：人資部的員工正在彙報，但很多其他聽彙報的員工卻擺出一副事不關己的表情，好像在說：「你愛怎麼說，就怎麼說。」

第二章　從被動到主動：啟發內驅力的績效管理

這種現象也反映出在很多企業內部，員工通常都會認為績效就是人資部負責的事情，實際這個想法錯了。

其實，人資部是一個獨立的部門，他們能做的事情只是設計完善的考核體系，例如整個考核的開展階段該選擇什麼方法、如何從多元角度評選中選擇績效考核工具、如何做好SWOT分析等，這些是人資部做的事情。同時人資部還會宣傳培訓考核的目的、意義和方法，監督和檢查各部門，貫徹收集回饋訊息以做改進，還要對考核結果彙報、進行查核，並兌現，這些都是人資部做的事情。那麼人資部做的事情到底是評分、回饋、檢查還是需要進行面談的過程呢？其實這些都是主管需要做的。

所以，人資部門在績效管理中的地位只是一個輔助、服務、協助、幫助的角色。那整個企業中直接的績效管理責任在誰身上呢？是企業主管，他們都是績效的主要核心承擔者。

主管不僅需要完成目標分解、計畫執行、考核評分和績效面談的工作，他們還要承擔員工的改進面談工作及問題員工的處理工作。他們在這些工作上進行得怎麼樣呢？顯然，有時並不是很理想，為什麼他們會做不好？我們發現，這是因為主管的角色定位出了問題，以致於他們沒法溝通、面談等。

第四節　五步設計：構建高效績效管理流程

主管的角色轉變

在績效管理改進的同時，為什麼沒有辦法可以準確評分呢？原因是主管存在以下幾點缺漏：第一，主管與管理對象間的關係。主管與其管理的對象之間如，果不是夥伴關係，就很難進行交流，同流才能交流。

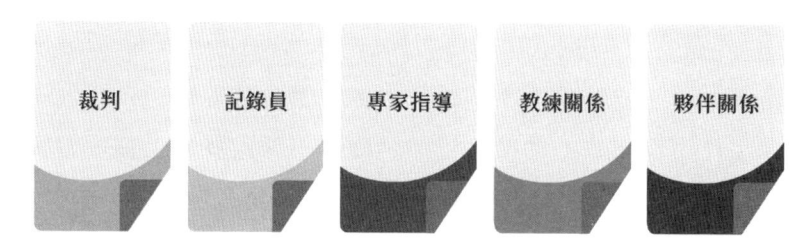

裁判　記錄員　專家指導　教練關係　夥伴關係

圖 2-12 主管的角色定位

但從另一個角度想，有了初步的交流才能逐漸交心，只有開始交心，才能最終獲得交易。身為企業主管，就需要想一想自己和下屬是否是夥伴關係？自己有沒有和下屬溝通過？你了解自己的下屬嗎？了解他的生活、工作和家庭情況嗎？了解他的個人興趣嗎？如果這些都不了解，那麼你和員工之間就沒法成為夥伴，自然也就沒法交流，這樣只能剩下一個上下級的管理關係。而在這種情況下，下屬和你之間就單純是事業或工作的合作者，根本沒有什麼共情、共景、共鳴，也就無法得到雙贏的結果。

你要思考自己是一個教練嗎？身為一個成熟的主管，當

第二章　從被動到主動：啟發內驅力的績效管理

你在職場已經待了十年、八年,那麼就得成為一個教練。你曾經教導過誰、教過哪些員工技術方法或是做人的道理?如果你沒教導過別人,那請問憑什麼讓別人聽你的呢?所以,教練的身分是很重要的。

要清楚自己是專家嗎?你在公司裡是專家級的嗎?(這裡的專家指的是在公司已經工作近十年,有豐富的閱歷和技術)你在自己的領域裡是否有所建樹?你在自己的領域是否擁有權威,能做到不斷創新?也許我們會發現有的人在公司裡工作了很多年,卻還是以前的樣子。所以身為主管,如果不如員工,且還不是個專家,那很可能會被下屬折騰一番。

有時主管還得做一個記錄員。你知道自己並不了解其他員工,這是因為你從未試圖去進入別人的世界,了解別人的生活。有人覺得自己平時沒有時間,只是完成自己的工作就已經付出了很多的精力,那又該怎麼辦呢?其實你可以在平時和其他員工相處的時候,主動做一個記錄員,簡單的把員工的點點滴滴記下來。例如在和某名員工談話的時候,就可以借用提前準備好的資料,將談話交流的內容做到恰如其分。

假如一個主管和他的下屬溝通時只會說:「你很好、你真好、你做得不錯。」那這個下屬可能就會回應:「主管要不要這麼假呀?!」但如果主管這麼說:「小強,你真棒,我記得你是 2014 年 5 月 23 號上午十點來公司報到的,2017 年 7 月 23 號上午十點在工廠發生的那場事故,要不是有你張羅,可

第四節　五步設計：構建高效績效管理流程

能早就釀成大事了。」這時，這名員工肯定覺得主管心裡是有他的，主管也在注意他的努力和付出。實際上，這就是對細節的關注，身為主管，有時候是很難真的記住每一名員工在公司任職這些年中的所有事情，但及時寫下來，就會「有跡可循」。所以主管還要做一個合格的記錄員。

最後一個，即裁判。在奧運的比賽過程中，全世界推崇公平公正，那是因為奧運的宗旨是更高、更強、更快，競技比賽講究公平、公正、公開。而企業雖然不是追求體育精神，但也需要每一名裁判做到剛正不阿，畢竟很多糾紛都需要裁判去思考和定奪。

回顧一下剛才講述的主管角色定位，你思考一下自己可以扮演好哪幾個呢？這五類角色，至少能做到三類才算及格的主管。可能有人表示自己一類都沒做到，那麼績效管理推行困難，可能就是卡在了這個部分。這屬於正常現象，如果出現了主管角色定位問題，而績效管理還能繼續推下去才奇怪呢！

本節作業

複習並分析一下三類角色的職責，認清自己在績效管理中的職責是什麼，解決績效推行中職責不清楚的問題，思考一下自己的角色，也思考一下主管階層的角色，大家一起討論每個人的職責是什麼。

第二章　從被動到主動：啟發內驅力的績效管理

第三章
從要求到需求：
建立主動承諾的績效模式

第三章 從要求到需求:建立主動承諾的績效模式

第一節 六向承諾:
如何將外部要求轉化為內部需求

這一章我們將一起研究如何把公司提出的目標轉化成行動計畫,進而轉化成考核指標,最後再形成承諾書的過程。

> 從目標到計畫

目標是怎麼逐漸轉變為計畫的?

我們發現,主動與被動的區別就在於動力不一樣。我們把績效目標分解到計畫的時候,其實主要想實現的就是化被動為主動。在很多情況下,大多數傳統企業在目標分解的過程中,都是企業主管把目標分解好之後,再分配給員工。但是這麼做的主管可能沒有想過,這樣的傳達方式帶來的只是一個負面的結果。

雖然我們將分解的目標分配給了員工,但那不是員工想要的目標或結果,員工是不會執行的。有時候由主管傳達給管轄部門的目標任務,管轄部門是否真的理解?很多主管認為只要雙方簽訂績效承諾書,就已經完成了任務,他不知道這只是任務轉移。這就是傳統績效承諾書的形式主義。在

第一節 六向承諾：如何將外部要求轉化為內部需求

這樣的情況下，哪怕員工承諾了，也只是被動的、不情不願的、強迫出來的，這樣最終會導致員工們不問不動，集體趨於平庸。所以，企業主管要學會將要求變為需求、化執行為自行、化被動為主動。

究竟要怎樣才能化被動為主動呢？很多人在思考主管應該如何以柔性的輔導過程和教練過程進行目標分解。有人說：「需要處理好與員工的關係」，還有人說：「需要了解員工的痛，並給他們關愛、激勵他們。」實際上，這都不是最主要的原因，最主要的是我們沒有一整套工具可以讓大家參考，學習如何做才是最好的。所以接下來，我們就利用一個工具，一起來研究如何剛柔並濟的實現從目標到計畫的分解方法。

目標分解為計畫

之前的章節講過，目標是一個願景下的四面向目標，我們一定是把一個願景下的所有四面向目標一起分解成計畫，那麼分解的計畫到底包含哪些內容呢？身為企業主管，我們首先要有庖丁解牛的概念，也就是還沒有殺這頭牛之前，得知道這頭牛的身體構造。所以，我們要研究一下未來的計畫大概能被分解成什麼樣子，研究分析清楚之後，才能知道後續的事情該怎麼操作。

這就是一個激發興趣、啟用舊知，再匯入新知，最後驗

第三章　從要求到需求：建立主動承諾的績效模式

證新知的過程，我們將其稱為「建構主義」。建構主義是我們學習必備的一個技術。舊知是什麼樣子的？很多公司在做PBC（Personal Business Commitment，個人績效承諾）的時候，往往都是公司提前將計畫內容寫好，然後為承諾人宣讀完後，雙方簽約的。簽約以後，有沒有繼續修訂內容呢？雖然很多公司說要修訂，但是實際上修訂最終都變成了空談。當公司這樣做，員工是否會簽呢？有的企業打算簽約時，把相關的員工安排到一場大的會議或活動中，這樣員工簽也得簽，不簽也得簽，於是就造成了「強扭的瓜不甜」的結果。

這樣的操作過程其實會給企業帶來很多的負面影響，甚至可能會出現一些特別惡劣的情況。例如很多員工簽完承諾書，但卻帶有很多不滿的情緒，回到家時就會想：「這工作做不下去了。」這雖然是傳統的做法，但卻是一種不合理、不民主的做法。那究竟有沒有更好的辦法，讓這個過程變得好一點？如果想找到新的辦法，那就得先研究一下績效行動計畫的內容都是什麼。

(1) 發送PBC給PBC承諾人　　(2) 輔導PBC承諾人完成三大績效目標初稿　　(3) 追蹤輔導承諾簽名

圖 3-1 傳統績效承諾三部曲

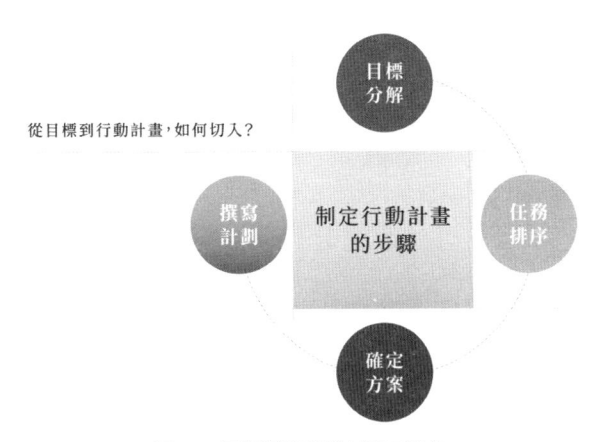

第一節　六向承諾：如何將外部要求轉化為內部需求

圖 3-2 目標管理與計畫四部曲

　　首先要把目標拆解開來。目標包括四個，所以我們要排序，排序之前還要用 SMART 進行檢核，劃分出哪些目標要分解、哪些目標不能作為核心，然後就可以進行任務排序了。而在排序之後，我們就需要確定計畫，最後再撰寫計畫。所以這一節，我們用了一個「五定行動表」，即績效行動七步實行法。在這個過程中，從目標到行動計畫，我們需要有一個工具或參考，這樣才能讓大家更好操作。新方法的流程往往都是很簡單的，具體怎麼操作和實踐才是最關鍵的。

企業計畫的發展與內容

　　現在企業研究的是計畫會發展成什麼樣子，以及計畫包含了哪些內容。

第三章　從要求到需求：建立主動承諾的績效模式

目標到計畫的分解包括以下六個方向：

目標和計畫內容是什麼、為什麼要做這個內容、誰來負責、在哪裡完成目標、什麼時候完成、怎麼完成或完成這個目標的方式有哪些。

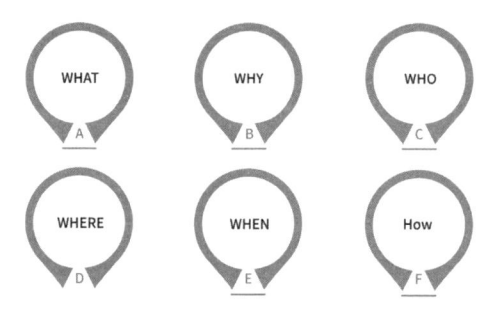

```
WHAT   WHY   WHO
 A      B     C

WHERE  WHEN   How
 D      E     F
```

圖 3-3 目標與計畫分解表內容

除了以上六個部分，分解計畫表裡還要呈現出費用的問題，因為這將來會成為績效在監督和監控過程中的一個控制點。當我們要把原來的目標按照新的方式，分解到現在講述的這六加一方向上時，那麼誰來分解就又變成了一個大問題，因為誰分解決定著分解的效果。如果主管整天坐在辦公室，那麼即使把目標分解出來了，也一點用都沒有，因為員工不會用自己的努力去證明主管的計畫是正確的，員工們只想證明自己的計畫是正確的。

我們一起來看圖 3-4。想要實現目標變成計畫的過程，就需要由原來的被動變成主動。這一套工具可以將我們的實行過程變得簡單易行，且容易操作。

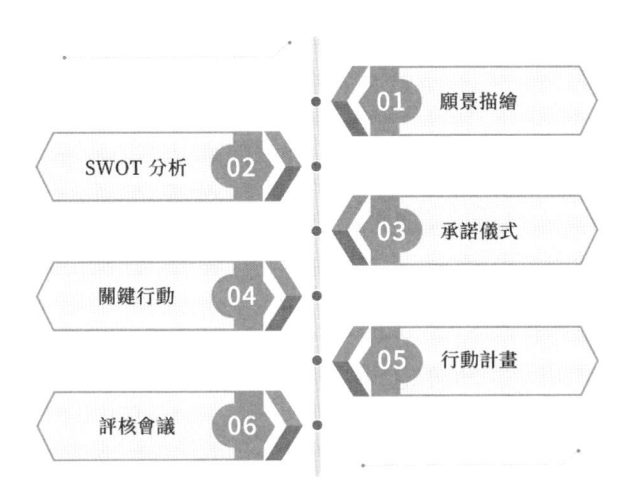

第一節 六向承諾：如何將外部要求轉化為內部需求

```
01 願景描繪
SWOT 分析 02
03 承諾儀式
關鍵行動 04
05 行動計畫
評核會議 06
```

圖 3-4 目標分解六階段

計畫進行中的角色分配與扮演

我們在前文已經提到過，六加一的反向並不是一個人做出來的，而是一群人──公司團隊一起完成的。由此可見，身為公司主管，我們並不需要直接提出目標，而是要提出目標背後的願景。

此時，主管所扮演的角色就是一個教練。我們需要做的事情是當團隊發現優勢的時候，我們按讚。當團隊發現劣勢和威脅時，我們研究在這種不足下的機會在哪裡，也就是說，員工看到了不足，我們就要看到優勢；員工看到了威脅，我們就要看到機會；員工說他不高，我們要回應濃縮都是精華；員工說眼睛不好，我們回答他就是需要朦朧美。凡事都

115

第三章　從要求到需求：建立主動承諾的績效模式

從不同的角度看，總會出現優點和優勢。

我們在管理團隊時，需要全面思考問題，那全面是什麼？有多少度？有人說，全面是360度，也有人說是361度，其實全面是個球面，有129600度。

由此可見，很多人思考問題的時候還是一點都不全面。

在進行SWOT分析之後，即使我們看見的是劣勢，但如果從129600度的角度進行分析，應該也能分析出一些優勢來。我們做的其實就是一件事，那就是激發員工，讓他們相信自己可以做這個事情。一旦員工被激發了，感性的願景就會啟動他們理性的分析，變得熱血滿滿。

那這時，我們繼續乘著東風去做第三個環節——團隊承諾。對於一個企業而言，承諾真的很重要，它是將認知轉換成契約的過程。員工莊嚴的舉起右手：「我承諾，我願意承擔這次目標計畫。」在他承諾的時候，我們一定要做好記錄，拍好照片，留好影片，因為這些可以作為我們推行工作時的一些輔助性工具。我們可以把這些照片洗出來做成一面承諾牆，也可以把影片做成承諾集錦，更可以作為會議之前的匯入影片。

如此，我們就能時時刻刻提醒員工，他們跟公司之間有一個美好的願景契約。做完承諾之後，每個人都會變得莊嚴起來，畢竟人對承諾還算重視。在這個過程中，我們需要做的還是激發員工。我們要把主管的角色轉換成教練，不是剛

第一節 六向承諾:如何將外部要求轉化為內部需求

性的給員工講道理,而是柔性的引導他們進行下面的環節。

既然員工都已經做了承諾,那接下來就要一起溝通如何完成目標,實現這個美好願景。很多企業有這樣的特點,員工在承諾的時候都是躊躇滿志,但實行的時候就沒有人說話了,往往就主管一個聲音,其他員工都不說話,這要怎麼辦呢?遇到這種情況的時候,我們就需要重申整個背景和美好願景。如果大家依然不願意說,也可以讓他們把這部分寫出來。

如果每個人都把自己最核心的想法寫出來,我們在整理歸納後,就能歸納出五到七個想法和一張結構表。低於五個想法,會顯得計畫比較單薄,但多於七個,我們又會陷入沒法分解的窘境。只要目標能確定下來,那我們就會形成關鍵行動,而這個行動就是目標的方向。

目標分解步驟與行動計畫表

在進行承諾的流程中,我們還需要進行群眾目標分解流程。

首先,團隊或專案團隊一起透過開放式會議,確定績效行動計畫的過程,適合環境關係融洽的公司進行此類方法。科層體制的企業建議採取目標管理法,自上而下分解團隊目標。但開放式討論是趨勢,這是企業發展的未來,其具體步驟有:

第三章　從要求到需求：建立主動承諾的績效模式

① 感性說夢想。團隊負責人根據「夢想連結夢想」向團隊傳達或者共同談論年度、季度、月度目標的價值、意義、願景、夢想，重點是要說清楚與大家的關聯性。

② 理性說優勢。團隊負責人根據大家填寫的 SWOT 分析表進行分析、共鳴、共識，理解團隊在這一目標中的優勢、劣勢、威脅、機會；重點集中在怎麼發揮優勢和機會，如何減少和避免劣勢和威脅。

③ 感性做承諾。在號召員工對目標做出承諾的過程中，團隊負責人一定要帶著情懷和夢想，發揮團隊優勢，承諾是自動自發的。團隊負責人要對承諾過程進行拍照錄影，作為工作宣傳和監督使用。

④ 感性做共創。在目標承諾後，團隊負責人一定趁機帶領員工分解目標，此時一定要動員大家積極參與，多腦力激盪，貢獻自己認為的最佳方法。

我們知道，某一年目標的行動計畫，它不是計畫，只是一個方法，那要怎麼辦？此時我們需要先把方法拿來一看。方法是誰提出來的，就以誰為核心來解析這個方法。將方法變成五「W」和兩「H」，也就是變成什麼時間、什麼地點、什麼人、做什麼事情、怎麼做。前三部分，我們做了承諾，第四步則要把目標變成行動方法。這個方法是由公司團隊一起寫的，經過排列組合，就能歸納出一些關鍵字，這些關鍵字即 5～7 種方法，最終可以形成一個模組了。這個模組有核

第一節 六向承諾：如何將外部要求轉化為內部需求

心方法、基礎方法、推動方法及支持方法。之後再將它分類成一個表，這個表就是某一年度企業的目標行動。

這個方法是誰寫的呢？可能是 3～8 個人一起寫的。這些人都認為這個方法很重要。有句俗話說：「誰的孩子誰抱走，誰的責任誰負責。」既然小強、小李、小王都能寫出這個方法，就應該相信員工一定能把它變成行動計畫。有的員工寫完方法後可能回饋道：「我不會！」但我們不用怕，因為主管有方法、有工具。

為了實現美好的願景，我們可以給員工一張行動計畫表，並把這個行動計畫表給到當時提出方法的小組，並且好好研究。方法要實行，還需要人員培訓，當然如果還有其他需要，也可以填上去。這樣主管就會拿著這張表向員工說：「我把這張表給你，你拿回去把方法變成行動計畫，並寫出來。」員工往往會三個一組或五個一組，非常迅速的寫完。

表 3-1 績效行動計畫七步實行表

目標分解行動策略	責任人	工作內容	工作時間	工作地點	工作方式	成本費用	工作原因
工作小組成員							
本策略細化目標（或檢驗目標）							
資源（本工作策略需要另外提供的經費、人員、培訓等）							

第三章　從要求到需求：建立主動承諾的績效模式

在表格填寫過程中，一定會需要討論該怎麼做。我們在前面提過的六方向，做完後，員工們就能得出這種七步表單，而這個表單的內容就是目標到計畫的圖。我們之前講過，誰來做責任人，誰就是小組的策略成員。

關於細分，工作內容要細分到任何人一看這張表都知道怎麼操作為止；工作時間要細分到每個人的工作日、每個工作單位時間裡；工作地點在哪裡；工作方式是什麼樣的？此時就要把品質、數量、時間、方式界定清楚、寫清楚，同時還要界定一下花多少錢。誰在什麼時候、做什麼事情、怎麼做、做到什麼程度、花多錢、為什麼要這麼做……當把這張表中這一系列問題填完之後，我們會驚奇的發現，原來提出的是那四面向目標中的某一個目標已經被我們巧妙的藉由團隊的力量解決到行動計畫上了。

這個行動計畫填出來之後，我們就能看到想要的結果。這就是運用六個方向，把目標變成行動計畫，化被動為主動，最終變成員工自動自發的過程。當然書上得來終覺淺，欲知此事要躬行。這張表解決的問題就是績效行動計畫實行中被動執行的問題。在這個表裡，我們實現了化被動為主動。這一節，我們重點講了從目標到計畫分解的六方向，這是一套工具。我們可以在這個行動計畫表後設計一個計畫評核表（如表 3-2）。當一個行動計畫表出來之後，我們如何去評核才是合理的？其實評核的過程中是由管理團隊的策略小

第一節　六向承諾：如何將外部要求轉化為內部需求

組來負責彙報，主管要判斷他們的行動計畫是否可行。一般可以透過六個面向來評價：

表 3-2 行動計畫評核表

	1分 極差	2分 較差	3分 尚可	4分 較好	5分 極佳
1.目標：目標科學和可行嗎？					
2.事件：內容構成必要嗎？					
3.責任：團隊責任清晰嗎？					
4.資源：人力、經費、物力到位嗎？					
5.進度：時間資源有保證嗎？					
6.預案：風險防範準備周密嗎？					
在項目對應等級劃○即可。總分：					

彙報人　　　評價人

我們在前面講到目標分解的六部分，第一個叫夢想，第二個叫 SWOT 分析，第三個叫承諾，前三章的內容連起來在做的一件事情，就是讓企業中的成員由被動到主動。員工承諾之後，就是化被動為主動的過程，而這個過程執行之後就是團隊共創。團隊共創就是要把原來自己做的東西變成團隊一起做的東西。

這又是一個包含背景分析、腦力激盪、歸類，形成結構化模組的過程。將這些填寫進行動計畫表之後，我們的目標就形成了，同時行動計畫也跟著出來了。之後我們再用行動計畫表產生的指標控制點，把目標分解成行動計畫，也就是整個過程的操作細節，最後再評核一下大家寫的這些方法。

第三章　從要求到需求：建立主動承諾的績效模式

　　主管可以和大家建立一個評核團隊。一起評核後，就可以得到我們最終完成、可使用的行動計畫表。而這個過程其實只是在做一件事情，那就是細分這張表的內容，並融和變成某年度、某個部門或某個公司的工作計畫，而且方法之間可以調整，重新組合後就又形成多種計畫。

本節作業

　　練習「績效行動計畫七步實行表」與「行動計畫評核表」。

目標分解行動策略	責任人	工作內容	工作時間	工作地點	工作方式	成本費用	工作原因
工作小組成員							
本策略細化目標（或檢驗目標）							
資源（本工作策略需要專項提供的經費、人員、培訓等）							

	1分 極差	2分 較差	3分 尚可	4分 較好	5分 極佳
1.目標：目標科學和可行嗎？					
2.事件：內容構成必要嗎？					
3.責任：團隊責任清晰嗎？					
4.資源：人力、經費、物力到位嗎？					
5.進度：時間資源有保證嗎？					
6.預案：風險防範準備周密嗎？					

在項目對應等級劃○即可。總分：

彙報人　　　評價人

第二節　設定精準計畫：績效目標分解的注意要點

目標分解的五個注意事項

在這一節,我們將一起學習設定目標的注意事項。

大家一定都聽過庖丁解牛的故事。從前有一個叫庖丁的廚師,特別善於宰牛,梁惠王知道後,便請他為自己宰牛。梁惠王問庖丁為什麼會有如此高超的技藝,庖丁解釋說:「我知道宰牛的規律,這比掌握一般的宰牛技術更進一步。剛開始宰牛的時候,我眼中所見的是一頭完整的牛,不知從什麼地方才可以進刀。三年以後,我對牛體結構已經完全了解,這時呈現在我眼前的已不再是一頭完整的牛了,但我知道該怎樣剖開牛體。直到現在,我宰牛的時候已經不用眼睛去看,而是憑感覺去接觸牛體,順著牛體的肌理結構,劈開筋骨間大的空隙,沿著骨節間的空穴下刀,這些都是依順著牛體本來的結構。」

梁惠王聽完庖丁的這一番解釋,不禁稱讚起來。庖丁解牛的成功之道主要在於,其一庖丁的目標準確;其二庖丁的技藝精湛;其三庖丁對牛的結構了然於;其四庖丁解牛已經

第三章　從要求到需求：建立主動承諾的績效模式

不再是工作任務,而是人生樂趣和工作興趣所在。

從這個寓言故事中,我們可以連結到本書所講到的企業目標計畫分解,反思很多企業在目標分解過程中,要嘛不夠精湛,要嘛不夠清晰,要嘛沒有細分,更有甚者認為工作不再是人生樂趣,而是一種任務和負擔。若是員工有了以上這些認知,又怎麼可能把目標做好呢?

如果企業主管能像庖丁一樣,既熟悉公司的整體目標,又能明確分解並合理分配目標,那企業的發展將會蒸蒸日上。但只是做好目標的分解與分配,還是遠遠不夠的,在目標計畫設定的時候,有些內容也是需要注意。接下來,我們就一起來探索學習目標計畫設定過程中需要注意的內容。

(1) 何時設定　　　　(2) 誰來設定

流程

(5) 設定標準　　　　(3) 設定什麼

(4) 怎麼設定

圖 3-5 目標分解的五個注意事項

1. 何時設定計畫?

一個企業何時設定計畫比較合適呢?一般情況下,企業或團隊制定績效計畫往往都是在每一個年度或者每一個績效週

第二節　設定精準計畫：績效目標分解的注意要點

期開始的時候。績效是一個以終為始的過程。我們發現，在計畫制定的每一個環節，只要進行過一次評核，企業就可能產生一個新的起點。例如，當我們年度評核結束以後，在設定年度預算目標時，可能有一個計畫制定的過程；當我們週期性的評核結束之後，也可能會出現一個計畫的改進過程。所以，計畫的設定是動態的。至於何時設定，當我們的績效推行一個週期之後，企業目標計畫的設定自然就會浮向水面。

2. 誰來設定？

經由上一節的學習，我們知道，從目標到計畫的分解是企業中每一名成員一起發揮才智，共同出力完成的。結果是團隊設定的，目標計畫也應該是團隊一起設定。為此，我們就需要界定對象。

既然目標設定是員工一起完成的，那麼每一個目標又是由誰最終把它變成計畫的呢？答案是由團隊負責人在拿到公司定的目標或者自己設定的目標之後，一起和團隊將它變成計畫的，我們可以使用上一節講的「績效行動計畫七步表」來完成目標計畫的設定。

3. 設定什麼目標？

這取決於上級定的標準，同時也取決於團隊給自己定義的績效標準。因為目標是大家圍繞其背後意義所產生的願景，是企業員工共同創出來的結果。它一定可以生發出大家

第三章　從要求到需求：建立主動承諾的績效模式

想要的背後意義，即設定的是目標背後的願景。

當關鍵結果出現的時候，目標對員工的吸引程度就決定了他們對目標實現的動力。然而，如果只是一味設定目標，卻沒有研究目標背後的動力，也就是背景意義下的願景，目標就顯得尤為蒼白了。

4. 怎麼設定？

重溫一下願景的內容，我們就會明白，當一個企業的部門負責人帶著激勵人心的願景回到自己的團隊，或者主管本著對目標的理解而將情懷傳達出來，並在讓大家的同時進行第二步 SWOT 分析，最終找到大家的動力，也就找到了大家感性的認知和理性的分析。那麼，將感性認知和理性分析結合，就能形成對企業目標的正確認知。

這個時候，我們再進行第三步承諾，承諾之後就可以進行第四步共創，也就是把一群人拉在一起。主管就是促成的角色，我們需要加深動力的影響，從而讓大家對關鍵結果背後的願景充滿渴望，因為只有這個時候，才能激發員工腦力激盪，想辦法解決目標的計畫問題。

根據成員們提出的方法，我們進行歸納、整理、分類、整合之後，再把這些整合的內容進行結構化處理。那麼該如何進行結構化處理呢？

處理方法有很多種，例如重點核心方法、基礎方法、支

持方法、推動方法與創新方法。我們可以將目標和方法歸成幾類,這時就形成了目標下的行動計畫。當把這個計畫填到「績效行動計畫七步表」之後,目標就可以被分解成行動計畫。要盡可能填得詳盡,這樣我們就能找到每一階段的控制點。

5. 設定標準

當這些控制點出現時,我們就可以從中將其萃取出來,監督評測。這就是第五個需要注意的內容:設定標準。只要把標準填到「績效八步驟指標分解表」裡去,該解決的注意事項在我們的計畫表裡都有涉及,詳見下文。

企業目標設定的三模式和四原則

講完了目標計畫設定的注意事項,我們再來談談企業目標設定的三種模式和四大原則。我們要了解目標設定的模式有三種:

① 單目標:只有一個目標
② 雙目標:基礎目標與衝刺目標,前者經過努力可達成;後者要非常努力方可實現
③ 三線目標:依基礎目標、激勵目標、挑戰目標三條線設定目標,並支付薪資獎勵的模式。

我們可以看出,這三種目標計畫的模式各不相同,且適

第三章 從要求到需求：建立主動承諾的績效模式

用性不一樣。單目標體系簡單直接，可以簡單明瞭的判斷一個團隊和個人的績效達成情況，但它的缺點是容易產生偏見，導致評核不準確。雙目標的優點是可以擇優、保底，但也容易區別每個團隊的達成情況。

三線目標不僅同時具備上述優點，還可以引導團隊朝著企業需要的方向努力前進。現在很多企業都會使用三線目標，這也是幫助績效推行過程發展的目標計畫模式。三線目標計畫模式主要是將目標設定運用於薪資獎勵的設計。簡單的說，如果員工達到基礎目標，只能獲得與以往同樣的收入；如果低於基礎目標，個人收入還會下降；如果達到激勵目標（考核指標），員工的收入會有一定程度的增加；如果實現挑戰目標，員工將獲得更多的獎勵。

這樣的模式有助於企業更好的分解與合理分配目標，做到人力資源的妥善利用。企業使用三線目標模式也更容易激發員工的動力，引發員工們將被動行為漸漸轉為主動行為。與一般抽成政策不同的是，抽成制度僅僅展現的是公司的利益分配方式，而目標設定則可以引導員工努力達到的方向，並以目標引導員工，激勵員工更加投入。

在設定目標時又要遵守哪四大原則呢？

① 挑戰原則。既然目標是超越現在的位置與狀態，所以目標一定要具備挑戰性。透過內外挖掘，發現一切可能

第二節　設定精準計畫：績效目標分解的注意要點

性，並將可能性轉化為現實，就可以實現更高的目標結果。

② 平衡原則。目標並非獨立存在，企業在操作時，經常會將多個目標組合在一起，以形成一個動態平衡的系統。企業還會根據發展階段、策略設定、實際問題等不斷調整目標設定，使目標可以動態的服務於企業的策略實現（BSC平衡記分卡原理）。

③ 激勵原則。目標是用來激勵員工的，有了目標，員工就有了努力的方向與標準。因此在設定目標時，要考慮階梯性的分段設定，讓員工一步步實現更高的目標。如果目標過高，讓員工望而生畏，員工很有可能放棄對這個目標的追求。

④ 關鍵原則。在眾多目標中，必須依重要度、迫切度分類，並選取關鍵的、當前追求的目標作為核心考核目標，而其他目標可以轉化為分析指標或參考指標。

最後，有一張表格呈現給大家。這張表格就是「績效八步驟指標分解表」，可以把上一小節完成的「績效行動計畫七步實行表」裡的時間、方式、成本等關鍵控制點分別填到這張表裡。

對於「八步驟指標分解表」內容的填寫，我們在這裡先進行一個解析。首先，指標名稱從哪來？從上一節講述的「績

第三章　從要求到需求：建立主動承諾的績效模式

效行動計畫七步實行表」裡找到那些寫得特別詳細的時間、方式、成本等控制點，這些就可以作為指標名稱。

填完之後，可能會有人覺得表格內容有些亂，別急，再仔細看看就會發現這張表裡的上面一部分，如果再將目標行動方法分解下來的內容填寫進去，就會好一些，因為控制點可能少一點。

有時候，我們可能會整理出來很多內容，這該怎麼辦呢？可以嘗試去尋找企業的目標類型，目標有四大類，指標也是四大類。所以，我們在填寫的時候只歸類整理就好，財務、客戶、過程、學習成長。這樣分類填寫後，我們再來回顧這張表就會發現，指標控制點在還沒有檢核之前就已經變成了平衡計分卡。這是多好的一件事，還能為我們省去不少的時間。至於這個表後面的七步驟該怎麼進行，我們將在下一章中為大家揭曉。

第二節　設定精準計畫：績效目標分解的注意要點

表 3-3 績效八步驟指標分解表

指標類型	八步驟指標分解法								
	指標名稱	指標內涵	計算公式	指標標準	指標占比	評分等級	數據來源	考核週期	備註
財務									
客戶									
過程									
學習成長									

本節作業

審定企業目標三種模式，填寫表單。

131

第三章　從要求到需求：建立主動承諾的績效模式

第三節　共創共識：
欣賞式探詢的溝通與承諾策略

簽訂績效承諾書的溝通工具 —— 欣賞式探詢

大家可能聽說過大韓航空 8509 班機的空難事故吧？我們知道，韓國社會的傳統文化很重視階級觀念，一切要尊重權威、服從權威，下屬不應質疑上級的決定。這種制度在軍隊中特別有效，但並不是所有的管理系統都適合這樣的制度，例如，如果民航系統使用這樣的管理方式，則可能釀成大禍，大韓航空 8509 號班機空難就是由於這種不適合的管理制度導致的慘案。

當高空飛行的飛機正處於失控的緊急狀態，機上居然沒有人採取行動，阻止飛機墜毀，他們似乎完全忽視飛機的警報聲，副駕駛更是在面臨生死關頭時，選擇默不出聲。這是機組成員間合作的反面教材，怎麼會發生這種怪異的事情？難道機長永遠是對的？答案可能不在事故現場，而是在數千公里之外，埋藏在數百年歷史之中。

從管理學的角度看待這個事件，我們可以感受到，造成

第三節　共創共識：欣賞式探詢的溝通與承諾策略

這起事故的原因有很多：管理目標任務分解是單項傳達的，整個團隊之間沒有形成協力、截長補短、互補增值。大韓航空的事故調查小組最後得出的結論：長幼有序，尊卑有別，上級說的就是對的、長輩說的就是正確的，下屬和晚輩沒有任何理由拒絕，必須完全執行。

透過這個案例。我們也要反思。當企業在目標分解執行的過程中，只有上級與下屬確保溝通順暢，才能上下協力，凝心聚力。但在企業中，主管應該做些什麼，才能和員工之間有更好的互動溝通？

這一節，我們將給大家帶來一個工具，這個工具是用來簽訂績效承諾書的溝通工具。可以這麼講，透過前幾節講述的「績效行動計畫七步實行表」確定了行動、「績效八步驟指標分解表」確定了指標，有了行動表和指標表，再進一步就可以填寫績效承諾書了。那麼在填寫這個承諾書之前，我們還需要先做好一件事，那就是達成一種共識。

為了更好的達成企業與員工們之間的共識，就需要使用一個工具來加以輔助，這個工具是什麼？它就是本節中將重點講解的「欣賞式探詢」。這一節的全部內容，就為介紹這一個工具，可見它在績效推行過程中的分量，接下來就讓我們一起展開這些內容。

在績效承諾書的傳統中，目標分配有以下三類承諾。第

第三章　從要求到需求：建立主動承諾的績效模式

一是業務達成目標，無論目標設定的過程是員工一起完成的還是員工單獨完成的。在企業要實行目標前、簽承諾書的時候，往往會發現人總有推諉，也就是說人在擔責過程中，面對壓力總有點退縮。

在遇到這樣的情況時，主管可以做些什麼能夠讓員工積極樂觀，並主動承擔呢？想要做到這一點，就需要先把承諾書的內容介紹完之後，再討論如何表達這些內容才是最合適的。將來讓有關承諾，主管需要透過行動計畫表和指標分解表拿出目標的行動內容和指標內容，最終讓員工承諾和執行的一定是業務目標達成。

第二是人員管理目標，第三則是能力提升目標。看到這可能有人會產生疑問，為什麼不能直接承諾業務目標達成呢？如果這樣承諾，那結果可能又會變成被動的。人員管理是對團隊成長的交付，業務達成是對公司的交付，而能力提升則是對自己的交付。此時，三個交付之間就有了相輔相成之勢，最終構成了績效承諾書的三大內容。

如果員工本身就有主動的意願，那麼就能促成一種主動的意識。在這個時候，如果再加上欣賞式探詢工具，就可以使承諾書在簽訂過程中沒有難以解決的大難點。

其實，無論是目標管理法還是目標承諾法，都有一個最大的問題，那就是上傳下達的過程是單向傳達的。企業的目

第三節　共創共識：欣賞式探詢的溝通與承諾策略

標設定可能是全面的，有基本業務目標、人員管理、激勵目標和提升能力的挑戰目標，但是訊息的單項傳達會導致大家對於目標接受度不高、執行力不強，最終造成目標實行失敗。在這裡我們需要思考一下，自己所在的企業關於以上目標是否全面？這些又是如何傳達給員工的？

主管帶領團隊的影響

我們知道，承諾書在簽訂過程中，如果員工都變得積極主動，那麼完成簽署就沒有任何難點。這個柔性輔導的工具──欣賞式探詢，是來自於《4D 領導力》(*4D Leadership*)一書，作者在這本書裡從四個面向講述了企業這個如何去帶領和影響一個團隊。那麼這四個面向都有哪些？我們可以結合圖 3-6 的內容來看。

	直覺	
綠色─培養 做出決策:情感 收集資訊:直覺 表達對他人的關懷		**藍色─展望** 做出決策:邏輯 收集資訊:直覺 具有創造力
情感 ←		→ 邏輯
黃色─包容 做出決策:情感 收集資訊:感覺 建立良好的關係		**綠色─培養** 做出決策:邏輯 收集資訊:感覺 組織性的行為
	感覺	

圖 3-6 欣賞式溝通的四種影響

第三章　從要求到需求：建立主動承諾的績效模式

第一個是培養。作者認為，有些主管是對員工進行合作培養，身為主管要懂得感恩，也要主動表達對別人的關懷。這樣的主管做出決策是靠情感和直覺。

第二個是包容。我們在企業中可能遇見過，甚至我們自己就是這樣的主管。他們在處理事情的時候善於包容別人，作出的決策靠的是情感和感覺，能建立自己良好的關係。

第三個是展望。主管在作出決策時靠的是邏輯和直覺。這也說明了，這類主管是特別具有創造力的。

第四個是指導，主管在做出決策時靠的是初級訊息邏輯和感覺。舉個例子，在會議中，這樣的主管會一味要求下屬去完成某些任務或執行某些命令。

所以當企業主管在完成「績效行動計畫七步實行表」、「績效八步驟指標分解表」，設定績效承諾書的人員指標、管理指標、業務指標和個人成長指標時，一定要透過柔性輔導的方式完成。我們要懂得培養對員工的關懷，懂得建立員工間的良好關係，更要懂得去展望企業和目標未來，然後才能去指導。

簽訂承諾書的方式探索

身為主管，我們首先要感謝自己的下屬，也要包容他們的不足，給他們可以展望的未來，然後再指導要求他們去簽訂承諾書。如果我們只是指導要求，就會發現員工又回到了

第三節　共創共識：欣賞式探詢的溝通與承諾策略

原點，又變成了抵制、不情願，對工作的態度變得消極。為了防止這樣的情況發生，我們就需要從「培養」入手，一步步地進行。

接下來，我們用一個溝通的流程作為例子，來詳細探討一下欣賞式探尋工具。如果我們經常使用欣賞式探詢工具，就會發現它的效果還不錯。通常，我們都會將這個技術運用在溝通和績效面談。。

但是在實際操作中，我們發現有一個最大的難點，那就是員工不懂得表達自己的情感。對於感恩而言，其實很多人是懂得感恩的，但就不懂得該如何去表達出來感恩，才最為合適。那這是為什麼？因為員工普遍都比較含蓄，不願意把自己內在的情懷流露出來。

有的人不善於表達情感；有的人不善於接受情感，這也是我們在管理過程中會遇到的困難。所以在我們掌握了一些剛性的工具表單之後，就需要再學會使用一些柔性的東西，剛柔並濟，才能更好的發揮作用。

承諾書簽訂的的注意事項

在有了行動計畫表和指標表等看似可以剛性使用的工具後，伴隨而來的是柔性的六步驟，而本節中的簽訂承諾書內容裡更是多了一個柔性的工具。

第三章　從要求到需求：建立主動承諾的績效模式

　　實現從柔性到剛性的過程，或許首先學會的第一步就是要感恩，同時還要學會表達感謝，學會微笑。有的人已中年，凡事都見司空見慣了，所以有一個說法是：人到中年會出現天花板，那是因為他不再想要去拓展自己的想法了，他已經看不到希望了。所以思維最終就會逐漸僵化，沒有一種表達感謝的情懷和意願。但這樣是不好的，在這裡給大家一個建議：學會微笑吧！微笑，然後再感謝和欣賞他人。

　　第二步是包容，企業員工和主管在一起承諾的過程中，有時在看到指標表和行動計畫表時是迷茫的。參與分解之後，面對眾多目標中的多個指標，甚至還有一堆方法的時候，員工們都會感覺有些困擾。這時，如果主管不包容他們的不足，他們就會慢慢消極。人無完人，身為主管，我們在看待企業員工的時候，不僅要看到他們優秀的一面，更要給他們希望。

　　這就引出了第三步展望。一個企業的主管要告訴他們的員工，只要大家將自身潛力發揮出來，或保持雙贏的態度，一步步踏實工作，就會有一個美好的未來，這個美好的未來就是員工所希望的。我們還可以告訴員工，未來是什麼，告訴他們這麼美好的場景、美好的未來是什麼。

　　講述了這麼多，我們也能看出來溝通對於企業來說有多麼重要。在承諾書簽訂的過程中，少不了以溝通作為橋梁，

第三節　共創共識：欣賞式探詢的溝通與承諾策略

那麼，什麼樣的溝通才是有效的溝通方式呢？

那就是使用「五共溝通法」，即共情：理解員工的情感，體會成員們的感受；共景：和員工們在相同的環境、場景下交流或共事；共同語言：和員工有共同的語言，尊重每一名成員，聆聽他們的想法，而不是總自說自話，要求員工絕對服從；共鳴：和員工間有共鳴，知其所想，達成共同的遠大目標或願景；共贏：團結合作，最終完成企業的策略終極目標。

當企業的主管與員工間做到共情、共景，才能更好的進行共同語言的交流，進而產生共鳴，最終達到雙方和企業的雙方共贏。溝通不僅可以增進一個企業內部的團結力，其氛圍更是績效運作良性的保障。因為氛圍具有背景力，只有具備的良好氣氛，企業績效管理的機制才會具有引導性，績效管理的流程才更加具有規範性，這時候的溝通就會具有同理性了。

當主管和員工間的氛圍良好時，這種氛圍就會提供一個便於溝通的環境，此時企業機制提供保障，流程也提供規範，那麼溝通才會更為有效。

當一位員工遇見一個既感謝他又包容他，還能給他展望美好未來的主管時，這時再詢問他要不要簽訂這個承諾書，那此時的員工肯定會回答：「要的！」而簽的時候，我們需要

第三章　從要求到需求：建立主動承諾的績效模式

簽的就是業績目標、人員成長及人員管理。欣賞式探尋工具就是要這麼去用的。

在現實生活中遇到的一些困難時，也可以用這個工具去解決。曾經有一次，有名老師去某地出差，被幾個年輕人劫持在車站旁邊，他們想要劫取一些錢財。這名老師最後就是用欣賞式探尋的工具表達了感恩、包容、展望後再進行了一番指導，就將這幾個年輕人感化了。雖然最終這名老師還是損失了點錢，但比起最初他們想要劫取的錢數，已經少之又少。

再舉一個例子，常出差的人都知道，有時住飯店，如果去得晚，可能就沒有房間了，還會出現的一種情況是，到了飯店想住一間各方面都符合自己預期的房間也很難如意。這時候就可以運用欣賞式探尋的工具，從表達關懷和感恩開始，和櫃檯工作者簡單談談心，多說好話，再包容一下他緩慢的動作，最後給他一個展望：三百六十行，行行出狀元。這樣的步驟進行完後，櫃檯工作人員的態度可能就會有很大的不同，他可能會主動和你打招呼，甚至當想要的房間已經沒有了，他都會替你更新成 VIP，滿足你的需求。

由此可見，欣賞式探詢工具是多麼具有使用價值，而身為企業主管的我們，如果感謝員工，包容他們，給他們未來的展望，再對他們進行指導，就基本可以解決團隊績效承諾

第三節　共創共識：欣賞式探詢的溝通與承諾策略

書的簽訂問題了。當我們給自己的員工承諾書時，其中雖然有行動表和指標表，但直接給員工們自己解讀和解析的機會也是必要的，所以這裡就增加了一個欣賞式探詢工具。透過這四個面向，我們就可以把目標管理業務指標巧妙的給到員工手中，讓他們願意簽訂承諾書。

至於這張承諾書的指標內容是什麼，本書的第四部分會詳細講到。

本節作業

請選擇熟悉的朋友，練習欣賞式探尋工具應用，並反思欣賞式溝通與原來的溝通方式的區別和優勢。

第三章　從要求到需求：建立主動承諾的績效模式

第四章
落地執行：
績效推行的系統化方法

第四章　落地執行：績效推行的系統化方法

第一節　從分解到承諾：績效教練的實踐指南

情境領導理論

我們都知道企業績效在推行的過程中,很多時候都會不盡人意。

為什麼會出現執行不力的情況呢?讓我們一起探索一下其中的原因。

本章將會闡述指標設定和承諾簽訂的技巧。

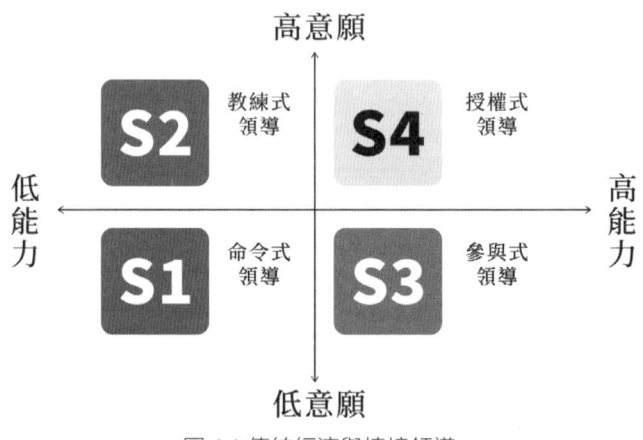

	高意願	
S2 教練式領導		S4 授權式領導
低能力 ←――――――――――→ 高能力
S1 命令式領導		S3 參與式領導
	低意願	

圖 4-1 傳統經濟與情境領導

第一節　從分解到承諾：績效教練的實踐指南

在開始這一節內容之前，我們先分析一個案例。這個案例是引自行為學家保羅・赫塞（Paul Hersey）所寫的《情境領導者》（*The Situational Leader*）。

在這本書中，作者按照員工的成熟度將其分為四類：工作能力強，又願意工作；工作能力強，但不願意工作；願意工作，但工作能力不強；不願意工作，且工作能力不強。同時還講述了面對這四類員工，企業的主管應該如何去管理他們的問題。

工作能力強，又願意工作──授權和尊重。讓奮鬥者不吃虧，活得有尊嚴。

工作能力強，但不願意工作──分四步走。員工不多的話，能採用隔離方式就隔離，如果隔離不了就採取調離。員工眾多的話，則需要主管考慮團隊重組，但不建議採取說服方式。

願意工作，但工作能力不強──師帶徒的方法。讓師父和能幹、意願高的徒弟搭配，但千萬不要讓徒弟碰見能幹、意願低的師父，因為有很多優秀的有意願卻能力不好的徒弟都是碰見能力好卻意願低的師父後被同化了，所以才導致績效實行出現問題。

不願意工作，且工作能力不強──這類員工是企業最頭痛的。如果可以，最好解僱。

第四章　落地執行：績效推行的系統化方法

　　總結一下，在企業績效推行的過程中，主管面對員工需要緊緊抓住能力好意願高的，教會那些能力差意願高的，影響那些能力好意願低的，剔除那些能力差又意願低的，這樣才能讓團隊走向卓越，主管要根據員工變化而變。

　　為了進一步研究這一問題，保羅‧赫塞和肯尼斯‧布蘭查德（Kenneth Blanchard）進行了一番分析和研究後提出了情境領導理論，即面對四種不同員工的四種管理風格。既然員工從能力和意願兩個變項構成了四類狀態，且主管的管理方式應和員工相應，那麼，面對四種員工，也會相對呈現出四種的管理風格：

　　S1 命令式：員工缺乏技能，也沒有意願，主管需要明確指示為什麼做、做什麼及怎麼做。

　　S2 教練式：員工缺乏知識技能，但有工作意願和學習的動機，主管要給予必要的訓練或指導。

　　S3 參與式：員工具備足夠的技能，但缺乏信心與意願，主管需要給予激勵。

　　S4 授權式：員工有足夠的能力、意願和信心，主管應當放手。

　　如果這個沒有區分對待這四種員工，就可能會造成企業分解過程中的不利。也就是說，想要帶領這四類員工，要的就是員工的變化。員工變化了，主管也要跟著變化。因為管

理是動態的,主管需要跟著下屬的變化而變化。

但是照現今的情況來看,主管想要跟著員工變化已經來不及了,因為一旦環境變了,主管和員工都將會改變,特別是主管還需要先時而變。

在如今的績效推行過程中,我們所帶領的團隊已經越來越年輕化,他們的工作模式和思維方式已經發生了很大的變化,所以主管也需要產生一些變化。如果再使用過往的管理方式,例如把目標強推下去,或主管自己將目標分解下去,已經無法再達到企業想要的結果了。這也說明了,身為主管,我們要和員工共同去完成目標的分解過程。

那麼目標分解之後,企業又該怎麼去承載這個過程呢?接下來我將介紹一張圖 —— 績效八步驟指標分解圖。

績效指標設定的八步驟分解

這一節的重點就是績效指標設定的八步驟分解。在圖 4-2 中,歸納考核專案在上一節中已經具體分析過,從行動計畫表裡可以提取出一些關鍵控制節點,然後再把它填入表中,指標分解的行動策略就會分成四類,同時指標也可以分四類。如此一來,我們就可以把這些陸續填入表單中了。

在填入之後,我們就可以列舉計算公式。計算公式又是什麼呢?舉一個例子,將之前的步驟填入之後,我們會發現

第四章　落地執行：績效推行的系統化方法

分解的行動策略可以歸為四類。在財務這一個指標裡，便可以列舉利潤率這一類的計算公式了。那麼利潤率可以算出來嗎？大家都清楚，有公式就說明這個指標是可以量化的。

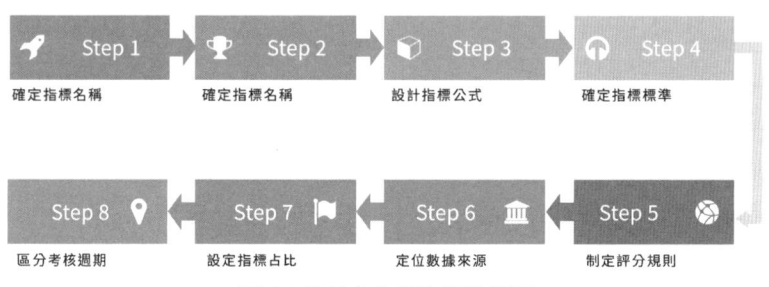

Step 1	Step 2	Step 3	Step 4
確定指標名稱	確定指標名稱	設計指標公式	確定指標標準

Step 8	Step 7	Step 6	Step 5
區分考核週期	設定指標占比	定位數據來源	制定評分規則

圖 4-2 績效八步驟指標分解圖

我們再界定一下利潤率這個指標的內涵，以及這個指標對企業有沒有幫助、對團隊和個人有沒有價值。一個企業的利潤率高，收益就會高，企業的盈利能力也會高。所以，對於團隊整體來說，有價值的指標就是可以保留的指標。

接下來是確定企業的目標，也就是確定指標標準是什麼。這個問題一直是企業在績效推行過程中的一個難點和痛點。很多公司在確定指標標準時，消耗了大量的時間和精力，那有沒有什麼方法可以改善這種情況呢？讓我們一起看看下面的四種方法。

第一種方法是經驗數值法。以利潤率為標準來分析，每個企業在發展的過程中都會有相應的利潤率標準，而在這一經驗數據上，再透過對總體和個體的分析，就可以得出當年

第一節 從分解到承諾：績效教練的實踐指南

或下一年度的利潤目標是什麼。可能會有人提出疑問：「如果一個新企業沒有經驗數據，又該怎麼辦呢？」

這就需要第二種方法——趨勢預測法，也就是根據新生產業或企業的未來發展趨勢界定績效指標的標準。

如果主管認為分析新生企業的趨勢也比較困難，那還可以使用第三種方法——競品對標法。也就是說，我們可以參考同行的情況來制定新企業的指標標準，例如麥當勞研究肯德基，BMW 研究賓士等，這就是對標的過程。

在同等規模、同等市場的情況下，新企業與對標企業是對手的關係。

在和同行對標後，我們就能知道它們考核的標準是多少，並以此作為參考來制定自己企業的指標標準，這就是競品對標法。

這時可能有人會想，如果沒有競品又要怎麼辦呢？請大家思考一下，如果一個企業沒有預測，沒有經驗，也沒有對手，那這將是個什麼企業？通常前三個方法就能解決很多企業在制定指標標準中遇到的問題了。

如果是特殊行業，這裡還有第四個方法，那就是參照國家或產業政策規定的標準。

第五項是占比項目配分，其實這裡談占比還有點早，我們把它往後移一下，先看看第六項制定評分規則。因為有了

第四章　落地執行：績效推行的系統化方法

指標標準，就需要看評分規則了。

第一種是數值法。以利潤率為例，這個財務目標下的指標標準可能從上述四個方法獲得，那它的評分規則又是從哪裡來呢？可以透過數值法獲得，也就是數字。

第二種是比例式。比例式的好處就是可以精準畫出考核指標的程度。

一般情況下，對於數量型的企業或業務領域，採用比例式是比較好的。

第三種是區間評分法。對於一些職能部門和固定專案，我們可能找不到具體的數值或比例來評核，那要用什麼辦法來解決呢？區間評分法就是設定一個區間，只要在這個區間內就可以算作中等或優秀。

第四種是零一法。達到標準就得滿分，否則就是零分。它適用於一些特殊指標，例如安全指標。

但有些指標無法完成一次量化，那這時就需要用到第五種方式——定性描述法。當然這種方式用得比較少，多數企業在考核過程中還是喜歡把指標進行量化的。

但如果想將一個定性指標進行量化，有沒有什麼辦法呢？那就是二次量化。二次量化指對測評對象進行間接的定量刻劃，即先定性描述，再定量刻劃的量化形式。二次量化的對象一般是那些沒有明顯的數量關係，但具有品質或程度

第一節　從分解到承諾：績效教練的實踐指南

差異的特徵。

二次量化要如何使用？舉個例子，例如責任心或誠信，如果要設計評分規則，我們就需要描述員工的行為規則標準，然後再人為定義量化出來。例如最優的行為和最差的行為，然後按照優、良、中、差的順序將員工行為進行排列，這就是二次量化的過程。

我們在了解這些指標後，就可以剔除沒有標準和規則的指標。也就是說，這張表自身帶的一個功能就是剔除沒有內涵、沒有標準、沒有規則的指標。

定位數據來源，也就是定位企業的指標數據是從哪裡來，或者這些數據是否有出處。如果指標數據沒有出處，這就是一個沒有用的指標。數據來源的難易程度決定了區分的考核週期。數據越容易得到，考核時就越容易進行數據分析。對於容易得到的數據，我們就可以每月做一次數據分析；不容易得到的話，可能就只能做季度或年度分析。

我們在上一章中講述的時候，只是把目標變成行動策略，然後再變成行動計畫。第一章說到四面向目標，四面向目標中如果有四個計畫，那麼每個計畫就會有七階段的行動計畫表。

這個時候，我們就發現已經有非常多指標節點出現了，僅僅在歸納專案中就有非常多的指標，四類指標中大概會有

第四章　落地執行：績效推行的系統化方法

十幾二十個。我們沿著本節講述的八步驟進行一次，就可能會把一些不太合適的指標剔除，留下能用的指標了，這些就可以叫做 KPI，也可以叫平衡積分卡下的 KPI 指標。

現在，我們倒回去研究占比。只有能使用的指標才會需要研究它們的占比。那麼占比又是怎麼來的呢？其實占比是一個經驗值，但這個經驗值並不是一個人坐在家裡空想就可以獲得的，它需要團隊的加權平均數。也就是說，企業中的成員都有一部分占比，然後再採取加權平均數的方式就可以了。這樣，這張表格就填寫完成了。

填完這張表後，再去看整體填寫的內容，我們將會得到一個結果——績效指標庫。如果表格填寫的是公司的內容，那最終得到的就是公司績效指標庫；如果填寫的是部門，那最終得到的就是部門績效指標庫了。當我們按順序完成這神奇的八步驟後，就可以把一些無用的指標通通剔除。

那麼這個部分由誰來完成？是考核部門的負責人和團隊在一起討論完成的。所以，這個過程又是一次團隊共創的過程，而在這個過程中，大家一起進行，就會化被動為主動、化執行為自行了。

績效承諾書的完整填寫

至此，我們將之前所講述的內容都綜合起來，會發現它們就像一部電影大片，千頭萬緒在這個部分就會彙總成一張表，這張表是績效承諾書。從前章兩張表中（一張定行動，一張定指標）根據指標提出行動節點、行動計畫，計算出占比之後也填寫進承諾表中，就形成了績效承諾表的設定。這張表展示出企業的績效承諾書，其中需填寫三個目標：

業務目標、人員管理目標和能力提升目標。從那些指標和行動計畫表中提出的這些內容，就可以使企業有效進行本節所講述的表格內容的填寫。

現在，看績效承諾書，數據是企業成員共同完成，行動計畫也是團隊共創的，所以再讓員工填寫就是一件很容易的事了。這時候如果想要達成結果目標、業務目標、承諾，解決實際完成時間、責任人是誰、權重是多少等問題，就會非常容易。

行動計畫表的一些關鍵點、人員管理、能力提升都要填入表格。甚至，團隊合作的承諾是什麼，在行動計畫裡配合誰、怎麼去操作、有沒有控制節點（指標表中找到控制節點），這些全都要記錄。

當表格所有的內容都填寫完後，再看看「紅黑事件」。在一個部門或團隊的執行工作時，某事件情發生後會導致績效

第四章　落地執行：績效推行的系統化方法

為零,這種事件被稱作黑事件。紅事件是指可以有效促進團隊績效。

這張表填完之後就是一份績效承諾書,企業主管將這張表給到員工,再經過一番努力和十個工作日的討論,以及之前填好的行動計畫表與行程表,就可以評估員工是否會願意做出承諾。這樣美好的企業願景,有那麼多優勢,成員們也進行了承諾,那最終就可以促使員工簽署績效承諾書了。如此一來,員工自願簽署的過程就是化執行為自行的過程了。

到這裡,這一節的內容就結束了。按照所講述的內容,企業在填寫行動計畫書之後,將指標分解和承諾書填寫完成,就能有效的完成把被動執行變成自動自發。

本節作業

完成企業「績效八步驟指標分解表」和「績效承諾書」。

第一節 從分解到承諾：績效教練的實踐指南

八步驟指標分解法								
指標類型	指標名稱	指標內涵	計算公式	指標標準	指標權重	評分等級	數據來源	考評週期
財務								
客戶								
過程								
學習成長								

員工每月績效承諾書					
姓名： 部門： 職務：			承諾時間： 年 月 日 – 年 月 日		
達成結果—目標承諾（做什麼？做到什麼程度？）（做正確的事）				權重	15%
序	任務 - 項目	達成目標 / 指標	承諾完成時間	實際完成時間	驗證人
1					
2					
3					

155

第四章 落地執行：績效推行的系統化方法

行動措施──目標承諾（如何做？）（正確地做事）				權重	15%
序	措施－步驟	達成目標／指標	承諾完成時間	實際完成時間	驗證人
1	業務目標				
2	人員管理目標				
3	能力提升目標				

達成結果──目標承諾（做什麼？做到什麼程度？）（做正確的事）				權重	15%
序	任務－項目	達成目標／指標	承諾完成時間	實際完成時間	驗證人
1					
2					
3					

團隊合作──目標承諾（配合誰，誰配合，需要支持？）（把事情做正確）				權重	15%
序	任務－項目	達成目標／指標	承諾完成時間	實際完成時間	驗證人
1					
2					
3					

關鍵事件（紅事件？黑事件？）（黑轉紅）				權重	15%
序	事件描述	貢獻度或損失度	發生節點	發生背景	驗證人
1					
2					
3					

第二節　契約精神：
分階段解析績效輔導的全過程

績效輔導的不同階段

我們在這一節將重點了解和學習的績效輔導方式，這會貫穿在整個績效管理的過程中。在之前講到績效考核和績效管理的區別時，我們也曾提到過績效輔導這個概念，績效考核所缺乏的是一個輔導、教練的過程。而績效管理與績效考核的一個重點區別之一，就是績效管理從頭至尾只有一個績效面談輔導的過程。

在這一節中，我們會一起探討在績效管理的輔導過程中，每個階段需要完成的事，同時還會了解績效輔導的目的，企業可能在輔導階段犯的錯誤，在哪些方面去改進，以及該如何操作才能把績效輔導做得更好？

首先來探討一下進行績效輔導的最佳時間。企業可以分為兩類：一類是績效管理做得相對優秀的企業，一類是績效管理做得相對普通的企業。這兩類企業之間具體差別又在哪些地方呢？通常，績效做得優秀的企業都有一個很大的特

第四章　落地執行：績效推行的系統化方法

點,那就是績效輔導互動的週期特別短,並且互動的頻率特別高。這樣,企業就形成了一個共鳴的過程,即在績效管理的計劃階段、實施階段、回饋階段及結果處理階段都會有績效面談的回饋。而績效做得普通的企業則會在績效考核的過程中不進行績效的面談輔導,同時還會把績效管理的環節分開。也就是說,這類企業沒有進行績效管理的教練輔導過程,只是進行了績效的考核。

績效面談是現代績效管理工作中非常重要的環節。績效面談可以實現上級主管和下屬之間對於工作情況的溝通和確認,找出工作中的優勢和不足,並制定相應的改進方案。其實進行績效面談輔導的最佳時間無處不在,處處都是溝通的過程,所以績效管理的過程其實就是員工間不斷溝通與輔導的一個過程。身為企業老闆或主管,我們不要以為只要進行了目標分解,績效的指標自然就能落實。

實際上,主管要透過週期性的、頻繁的溝通過程來實現績效的糾正。

同時,面談過程和輔導過程又能提高團隊中每一名成員對目標的假設認知。這樣推行績效管理,既能凝心聚力,還能糾正員工在執行過程中的一些缺失和不足。因此,績效輔導在整個績效推行的過程中顯得尤為重要。

第二節　契約精神：分階段解析績效輔導的全過程

績效面談輔導四階段

那績效面談輔導是怎麼開展的呢？績效面談和之前章節中所講述的績效推行四階段是相互吻合的，可以分為計劃面談、指導面談、考核面談和回饋面談四個階段。具體來說，整個目標分解過程要計劃面談；績效執行要指導面談；考核過程中進行考核面談；績效結果回饋過程進行回饋面談。

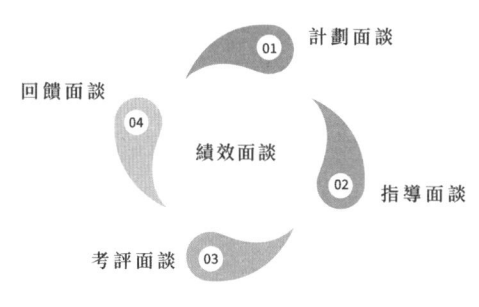

圖 4-3 績效面談輔導四階段

1. 計劃面談

績效計劃面談是指在工作的初期，上級主管與下屬就本期內績效計劃的目標和內容及實現目標的步驟和方法所進行的面談。該項工作是整個績效管理工作的基礎，確定了工作的目標及後續的績效考核，能夠正確引導員工的行為，發揮員工的潛力，不斷提高個人和團隊的績效。在這個過程中，上級主管要給員工工作的績效目標，請員工注意在指標設計中雙方達成一致的內容，並請下屬做出事先的承諾，包括對

第四章　落地執行：績效推行的系統化方法

於結果指標和行為指標的承諾。

輔導計劃面談是企業成員在制定績效目標和績效工作計畫的過程中，與團隊進行溝通的方式。我們在前文講述行動計畫的制定和目標的分解與團隊共創的過程時，已經學習過了。實際上，這部分就是績效計劃分解的一個面談過程。另外，企業老闆或主管要想將目標變計畫，不能只透過一種方式告知其他員工，或者直接將目標計畫給他們。

傳統企業在進行績效管理工作時，是主管把目標分解成計畫或指標後，應用於被考核的員工，員工僅僅參與簽名確認的環節，整個過程就算是完成了。但員工面對這樣的操作過程和結果時，心裡是難受的，他們就如同啞巴吃黃連，有苦吐不出。

所以，要怎麼做才能最大程度避免這樣的情況發生呢？我們在之前的章節講到過六步驟行動計畫，現在再回顧一下，就恰好能證明計劃面談是如何進行的了。六步驟形成七階段行動計畫表的第一步就是願景，願景就是在回顧第一章講述的夢想連結夢想的過程。當企業中的成員在願景的部分達成共識時，就是一個面談溝通的過程。成員們在一起腦力激盪，共同去反思、展望自己未來的時候就是在共同組織願景，這不就是一種交流嗎？

然後再進行 SWOT 分析，分析的過程其實也是員工間相

第二節　契約精神：分階段解析績效輔導的全過程

互溝通的過程。SWOT分析雖然是書面化的方式，但是員工在填寫表格之後會得到SWOT分析的評論和解釋。當員工看到的是威脅，主管就要引導他看見機會；當員工看到的是劣勢，主管就要引導他看見優勢。化威脅為機會、化劣勢為優勢，這個過程就是計劃面談。

此時，承諾也是員工間相互交流的過程。承諾就是在計劃面談中把計劃內容給相關的員工，並讓他們去做計畫的過程。而團隊共創過程中的幾步驟就是在計劃階段不停交流面談的過程。

只有這樣，最後形成的行動計畫，才是小組在一起討論，並透過腦力激盪和討論後得出來的。所以這些步驟需要在計劃面談階段完成，這一階段承擔了大量的工作。

2. 指導面談

指導面談是在績效管理活動的過程中，根據下屬不同階段的實際表現，主管與下屬圍繞工作流程、操作方法、新技術應用、新技能培訓等方面的問題所進行的面談。該過程是績效面談中的核心工作，能否有效地得該項工作開展好，是整項工作任務能否順利完成的關鍵。

指導面談應依進展程度定期進行。主管需要走出去和其他員工互動交流，而不是在辦公室，這種方式被稱作「走動式管理」。當企業主管把績效計劃承諾書給下屬之後，其實就

第四章　落地執行：績效推行的系統化方法

是在和下屬並肩作戰了。

我們需要觀察員工的週期工作，看他們的工作階段，並時不時指出其工作中的缺漏和需要糾正的部分。

有些主管認為，只有在下屬工作出現問題時，才需要進行指導面談，這是不正確的。有效的指導面談能夠提高下屬的積極性和動力。績效指導面談需要注意如下事項：主管要擺好自己和員工的位置，雙方應當有共同目標、完全平等的交流，具有同向關係，主管不應是評價者或判斷者。

在面談過程中，應以表揚為主。俗話說：「知人者智，自知者明。」但人們經常不自知，對自己的短處、劣勢或不足看得過輕，甚至根本看不清。「好大喜功」是人之常情，每名員工都希望自己的工作得到主管的認可。

因此，主管在面談過程中，回饋的內容不應該是針對員工，而應當針對員工的某一類行為，也就是「對事不對人」，而且應該是員工透過努力能夠改進和克服的。例如，我們發現員工的工作效率低，可以藉由面談，和他共同探討如何提高工作效率，讓他自己意識到自己的行為問題，並制定出新的行為標準。這種做法要比批評員工「腦子笨」、「人格有問題」恰當得多。前者可使員工感到自己能力在提高，經驗更加豐富，對工作更加熱愛；後者往往使員工自暴自棄，對自己的未來缺乏足夠信心，放棄在工作或學習方面的努力。

主管應選好面談的時間、地點，面談的相關數據應具有絕對的真實性。

有效的回饋是非常重要的，當主管發現員工某種行為不是最佳的行為時，應及時提出。而如果沒有及時指出，員工會認為並相信自己的行為是正確的，當主管再進行指正時，員工的心裡也會產生抗力。

主管回饋的內容應當真實，也就是面談中的內容需要經過檢核和證明，虛假的消息會使員工感到茫然、委屈。

例如，某位員工半年內遲到過一次，主管了解後馬上與該員工面談，第一句話就是「你這段時間怎麼老遲到？」，當員工進行辯駁時，如果主管依然堅持自己的觀點，結果可想而知。其實，驗證資訊準確性最簡單的方法就是讓參與者再看一下資訊，看看與主管最初的看法是否相同。此外，面談的地點選擇也非常重要，在大庭廣眾之下，主管強烈的指責對員工的影響很大，員工會尋求各種方法來保護自己，這種自我防衛機制一旦形成，會嚴重制約和影響部門績效。

3. 考核面談

這個階段是在企業的整項工作完成，或一個考核週期結束之後，根據下屬績效計畫執行的情況及其工作表現和工作業績進行全面回顧、總結和評核，並將結果及相關資訊回饋

第四章　落地執行：績效推行的系統化方法

給員工。在面談階段，主管應準備充足的資料，對員工的成績應予以肯定，並指出產生優秀結果的有效行為，以加強員工的有效行為，這一點很重要。如同員工對自己的不足之處認知不夠一樣，他們也常常不能全面意識到自己的顯著優勢，及時的、客觀的評價和認同有利於員工鞏固自己的優勢，並加以保持和進一步的發揮。

4. 回饋面談

回饋面談的主要目的其實就是在考核之後，將結果回饋給員工，做到懲前毖後，使員工獲得成長的過程。其重點在於問題員工，那麼如何回饋問題，教導員工成長和改進不足，進而促進績效雙贏發展，才是整個績效面談，即「PDCA循環」的一個重點。

以上內容就是企業主管在績效面談四階段裡需要做的重要工作，本節主要講解了前兩個階段，對於考核面談和回饋面談，將在後面詳細探討。

PCDCAC（Plan-Check-Do-Check-Act-Check）管理循環工具

面談是一個 PDCA 循環溝通的過程，而我們的很多企業往往做計畫的能力都是很強的，但是如果需要製作完整的計

第二節　契約精神：分階段解析績效輔導的全過程

畫過程，就需要在執行階段檢查、回饋甚至不斷溝通。對計畫結果的回饋和問題員工的處理，更是需要檢查和溝通的。

為了能方便快捷和更好的檢查所在企業的績效面談是在哪個環節？企業計劃面談如何進行？企業的指導面談怎麼開展考核面談？如何回饋面談的過程？我為大家提供一個工具，那就是「PCDCAC」。這個工具就是把「PDA」拆開，並加入檢查回饋，它可以作為每階段檢查溝通問題的工具。

圖 4-4 PCDCAC 管理循環

在使用這個工具時，主管除了需要反思企業的績效管理是否做到四階段的面談、是否每一個階段面談結束後，都做過這樣的回饋檢查和溝通外，還需要考慮績效面談的整個過程是否遵守了七項原則，即建立並維護彼此的信任、清楚說明面談的目的、真誠的鼓勵員工多說話、傾聽並避免對立與

第四章　落地執行：績效推行的系統化方法

衝突、集中於未來而並非過去、注意優點與缺點並重、以正面的方式結束面談。如果這些都有條不紊的完成了，那麼績效管理中，面談輔導將會帶給企業來很大的改善和進步。

> **本節作業**

　　掌握和練習使用 PCDCAC 工具，並思考如何對員工進行面談。

第三節　激發自驅力：績效面談提升員工自主執行力

我們在上一節講到績效管理是一個循環，績效面談可以分成四個階段。這四個階段是貫穿績效管理。既然績效面談過程如此重要，那麼企業又需要遵循哪些原則才能讓其更好的開展呢？

績效面談七原則

我們都知道，績效面談是一個帶有目的的談話過程，就類似於一場談判，在這個談判的過程中，企業需要知己知彼，方能百戰百勝。所以，為了獲得最好的效果，企業在面談的過程中，就需要遵循一定的原則。

原則一：建立並維護彼此的信任

有人可能會問，為什麼要建立彼此的信任？因為我們都清楚，人無信不立，主管無信，則員工就無法與企業建立良好的關係。況且績效面談最重要的就是與員工的溝通，而信任恰恰也是溝通的基礎。

第四章　落地執行：績效推行的系統化方法

前面章節有講到夢想連結夢想、化要求為需求、化執行為自行等內容，這些其實都是為了一件事，即在企業中，員工之間能建立一個彼此信任的良好關係。企業在最初勾勒夢想的過程中，主管和員工們形成了共同的願景，從被動到主動過程中又統一了主管與員工們的理解，認知到績效是需要企業中的每一名成員共同完成的事情。同時，我們還會透過七步驟的行動計畫為團隊共創凝聚力，從八個數據欄的表單形成群策群力的標準和執行規則。最後進行回顧和回饋，就可以總結製作出一張績效承諾書。

這個績效承諾書就是企業最終萃取出來的成果，也是在績效推行過程中，企業員工共同遵守並達成的一個目標。

這些都是員工在建立彼此信任的過程中開展的，這些工作的完成也是為績效面談奠定相互關係的基礎。所以之前章節講述的內容，最終都是為了在進行績效面談的時候，有話可說，彼此間也能夠相互接受。

原則二：清楚說明面談的目的

既然績效面談是帶有目的的一種談話，那麼清楚說明目的就顯得尤為重要。在面談開始時，主管需要開宗明義，把績效面談的目的清楚的告訴員工，讓員工清楚績效面談的內容。面談目標也要聚焦於員工上期績效的回顧，幫助員工改善績效，而不是指責。其實績效面談的目的不是計劃把員

工辭退,而是懲前毖後。描述面談目的,可以讓員工放下包袱,以更加開放的心態進行互動。

身為企業主管,我們在面對問題或處理情況時,需要做到對事不對人。在清楚了企業的目的之後,主管才能和員工建立信任的關係,這樣再去進行績效面談,才能做到和諧溝通。

原則三:真誠的鼓勵員工多說話

一些企業中的個別主管有這樣的特點,那就是自以為是。員工還沒表達內容,主管就自以為很了解情況,打斷甚至不讓員工講述自己的觀點。這樣的行為,在績效管理中就如同就把員工打入了「冷宮」,員工也漸漸變得不再說話和發表看法了。如此,雙方在無形之中就出現了一種對立。

還有的主管好為人師,員工還沒有說出自己想要表達的內容,這類主管就自顧自的先說了大量的內容,這時員工會開始煩躁。員工一旦產生不好的情緒反應,那麼後續進行的績效面談也就沒有好結果。

企業主管要對員工真誠的表達欣賞,鼓勵員工多說話。畢竟員工在製作、生產等工作的一線,他們是最「聽得見炮火」的人。

雖然主管和員工們一起做出了績效行動計畫和指標表,但是最終計畫的執行者還是員工,他們最清楚這些計畫或

第四章　落地執行：績效推行的系統化方法

指標在推行過程中可能會出現哪些無法提前預測的問題。所以，如果企業主管不讓員工表達他們的看法和觀點，其實就是不尊重事實。在績效面談中，這樣的情況一定要避免發生。

原則四：傾聽並避免對立與衝突

企業主管如果只是鼓勵員工多說話，但是卻不傾聽員工說了什麼，這也是不可取的。其實，聽比說更重要，上帝給了人類兩個耳朵、一張嘴，就是為了讓人少說多聽。企業主管的好為人師和自以為是，就是不善於傾聽造成的。他們在績效面談的過程中，總喜歡侃侃而談、口若懸河，這就往往導致他們員工在談到最後的時候，員工們早已對他們話中的內容置之不理了。

所以企業的主管一定要學會去傾聽，聽員工的觀點和想法、聽員工們在執行過程中出現的不可預測的問題、聽員工在績效管理推行的過程中，出現了哪些沒有想到的問題等。學會傾聽是避免衝突和對立的有效方式，而在傾聽員工的表達時，真誠的態度也是極其必要的。

原則五：集中於未來而非過去

過去的事實已經發生，在績效計畫執行的過程和績效指標實行的過程中，經過一個週期或一段時間的推行，員工就

第三節　激發自驅力：績效面談提升員工自主執行力

能產生一個事實性的結果。而當結果出現後，企業主管無論再怎麼做都無濟於事，這個結果已經沒法改變了。所以企業可以集中於未來，幫員工重溫一下當時的夢想連結夢想、重溫一下當時一起 SWOT 分析這種狀態的優勢與機會、重溫一下企業團隊共創的時候，給他們的信心和解決問題的方法工具。點燃員工的動力，讓他們在績效面談中宣洩在執行績效管理過程中受到的委屈及負面情緒。同時，企業主管再及時給他們一些肯定與支持，與他們一起展望未來，那麼他們的心裡就能得到安慰和鼓勵。所以，集中於未來，而非過去也是尤為重要的一點。

原則六：缺點與優點並重

高明的上級主管在績效面談時會採取「漢堡原則」──表揚→指責→表揚。缺點最好能讓員工自己感受到，也就是在面談的過程中，讓員工自己分析自己的缺點，主管只是去觸動這部分，而不明顯的指出。在績效面談中提到優點的同時，也需要讓員工自己分析，總結原因到底是什麼。

如果一家企業的管理者在進行績效管理面談時，將上述幾個原則都做得很好，那麼員工一定也會拿出信任和真心，認真分析和討論自己的缺點，同時還和主管推心置腹的交流。這時，企業集中的就是未來，而不是過去。

第四章　落地執行：績效推行的系統化方法

原則七：以正面的方式結束面談

為什麼要以正面的方式去結束績效面談呢？因為這樣的結束方式有利於企業開展後續的工作。在績效面談的過程中涉及的所有內容最終目的都只有一個，那就是讓員工能把績效做得更好。既然是這樣的目的，那就沒必要在面談結束的時候以一種負面的方式收尾。可以給員工們提出下一步的計畫，同時精神喊話，這樣就可以讓員工們滿懷信心的結束這一次面談。

在了解學習完企業績效面談需要遵守的七項原則之後，可能會有人覺得有些複雜，主管真的有必要這樣一條條的去遵守並完成嗎？我們在企業中，有時會遇見談了很久，都談不清楚的員工，而這些員工往往都會花費面談人員大量的時間和精力。這個觀點看似是對的，其實內涵問題還有待討論。

我們舉個簡單的例子，每個人在兒時基本都是透過爸爸媽媽的教導才學會很多行為。就拿學習走路來講，每個人在學習走路的時候，都是家長耐心教導和陪伴過的，沒有家長會只教孩子一次，如果孩子沒學會就從此放棄。所以，企業的主管為什麼就不能像父母教孩子一樣，多花一些耐心對待自己的下屬呢？

如果員工一次教不會，主管就自己去完成任務；和員工

第三節　激發自驅力：績效面談提升員工自主執行力

面談一次談不清楚問題，主管也自己去解決，雖然在短時間內處理事務的效率是最快的，但員工卻永遠不會成長。主管此時就變成了保母式管理，永遠在完成員工學不會的事情，彷彿員工才是公司的上級。

這種時候就需要透過績效面談，讓員工清楚意識自己的優缺點，並知道改進方向，這樣才能幫助他逐步成長。這樣做是為了將來有一天，主管不用和員工進行面談或溝通，就能使他們自動自發的做事情。

當員工們成長起來，企業主管也會輕鬆很多。就像當孩子自己會走路的時候，媽媽就不用一直抱著他了。

績效面談的談話方式

為了更順利的進行企業績效面談，面對不同類型員工時，我會運用不同的應對方式。從優秀的員工到性格暴躁的員工，每一種類型的面談方式都會有很多不同之處。

第一類：優秀員工

對於優秀的員工，我們在和他們進行績效面談的過程中，一定要鼓勵他們制定發展計畫。不要急於許願，先聽聽他們的內心想的是什麼，然後再去幫助他們規劃屬於自己的未來。優秀的員工往往有點驕傲，企業主管如果不讓他們把自己內心的想法說出來，對他們而言，就變成一種打壓了。

所以，鼓勵這一類員工去制定更高的發展計畫，而不要急於把企業的許願講出來。

第二類：長期無進步的員工

這一類員工總是讓主管很鬱悶，因為他們長期看不到進步。對於這類員工，主管在績效面談的過程中，就需要帶有一定的懲處措施。可以開誠布公地討論一下這個職位是否適合他們，並讓他們意識到自己的不足。如果這類員工有詳細的改進計畫，那可以給一些機會，讓他們再來一次，但是如果沒有，就得好好研究他們職位的去留問題了。

第三類：績效差的員工

對於這一類員工，企業需要從多個角度分析原因，客觀的討論當下的實際成果。畢竟有的員工績效差，並不是因為能力，問題可能出在市場上，例如市場壓力特別大，員工沒法做到位的情況。所以一定要在分析客觀原因後，再討論下一步改進計畫，讓這類員工有機會把客觀情況討論清楚。

第四類：資深員工

對於這一類員工，企業在進行績效面談時，會有一個十分糾結的過程。首先，企業一定要尊重他們的貢獻、肯定他們的成績，用耐心而關切的態度讓他們體會到企業的願景，並用企業未來的規劃觸發他們。

第三節 激發自驅力：績效面談提升員工自主執行力

但是我們還需要清楚，企業中有能力，卻不願努力的大多是資歷比較深的員工。所以想感化他們，難度還是有點高的。那麼，既然難度高，又該怎麼辦呢？只能說對於這類型的員工，如果在績效面談後，還是沒有什麼實質效果，那就得想辦法將他們調走，要嘛隔離，要嘛調整職位。當然，對於面談的結果也不要抱太大的希望，因為這類員工已經長年累月養成了習慣，不是三言兩語能有所改變的。

第五類：驕傲的員工

很多企業都有這種類型的員工，成績並不多麼優秀，但脾氣不小，而且特別驕傲。對於這樣的員工，主管需要適當的冷處理，讓他們能夠主動溝通，反映事實。最好的溝通方式就是利用面談主管的能力、成績來征服他們。

再驕傲的員工，心裡也會有脆弱的一面，只要我們讓他們看到差距，看到事實成績的懸殊，他們或許就會願意主動溝通。所以在和這類員工進行績效面談之前，一定要把自己的過往經歷與他們進行對比，只有主管的實力、能力等方面超過他們才可以。

第六類：內向的員工

這類型的員工也總是令企業的主管們糾結。無論面談者講述了什麼，他們都不接話，也不說其他內容。所以在和這類員工進行績效面談的時候，要耐心啟發，提一些非訓導性

的問題。如果主管的態度稍微強硬一些，可能還沒怎麼說話，他們就能哭起來。

所以，主管要提一些非訓導性的問題來引導他們，感謝他們、欣賞他們，慢慢的就能讓他們敞開心扉、願意說話。如果實在做不到，那就讓內向的員工和他們的朋友一起進行面談，畢竟有時候另一個引導，可能比主管面談效果好得多。但是要記住一件事，內向的員工並不是沒有朋友，他們是很聰明的，內心往往也很細膩，分析問題很到位，對這種人要耐心啟發。

第七類：性格暴躁的員工

有的員工缺乏耐心，但身為主管的我們要有耐心，不要與之爭辯。本來這種類型的員工就很情緒化，如果我們還要和他們爭辯，就會適得其反。

如果他們帶著情緒進行面談，我們先要處理好他們的情緒，情緒平復之後，再處理其他事情。例如幫他們找原因，冷靜分析事實背後的邏輯關係。同時還要記住一件事，那就是性格暴躁的員工和驕傲的員工都有一個相同的特點，那就是不會當面認錯。所以我們也不要急於在面談的現場讓他們說出自己的不足，而是讓他們先回去反思一下，之後再進行二次處理。

以上是和不同類型的員工開展績效面談的思路，希望能對大家的工作有所幫助。

第三節　激發自驅力：績效面談提升員工自主執行力

員工類型	溝通技巧
優秀的員工	鼓勵、制定發展計畫、不急於許願
長期無進步的員工	開誠布公、討論職位是否適合，認知不足
績效差的員工	分析原因、客觀討論當下實際成果
資深的員工	尊重、肯定貢獻、耐心而關切
驕傲的員工	冷處理、讓其主動溝通，反應事實
內向的員工	耐心啟發、提非訓導性的問題、徵詢意見
性格暴躁的員工	耐心、不與之爭辯、找原因、冷靜分析

圖 4-5 不同類型員工的溝通技巧

本節作業

完成一次績效面談，掌握與不同類型的員工在面談的過程中會出現的問題，同時演練一下七項原則。

第四章 落地執行：績效推行的系統化方法

第四節 完整流程：績效面談的六步執行方案

我們在前文講述了績效面談的四階段和七原則，那麼這一節將為大家把績效面談的整個流程梳理一遍，展開講述，並討論績效面談需要經歷的幾個步驟，再為大家介紹兩張表格。績效面談總流程，其實就是將四個階段和七個原則融入流程中，接下來就一起看看整個面談過程。

績效面談六階段

在講述績效面談之前，我們先回顧一下這麼多年以來，大學生群體的生活變化。我們不難發現，不同年代的大學生所處的環境不盡相同，所以，他們的學習狀態也存在很大差別。同理，不同環境、不同企業文化、不同管理模式下，企業培養出的人才需求就會不一樣，對於人才需求的定位也會存在差異。

隨著時代的發展，物質逐漸豐富，當代企業中的員工精神也和過往大不一樣。那麼在這種時期，企業要如何做才能更好的激勵員工？這就涉及績效面談所發揮的作用了。

第四節　完整流程：績效面談的六步執行方案

在進行績效面談之前，我們應該不打無準備之仗。每一次績效面談，其實是一次類似於談判性質的談話，只不過我們和員工之間是沒有利益衝突的。既然是扮演談判的角色，那麼我們就需要在進行績效談時，將權益立場和各自的性格達到一種平衡。那麼，都有哪些數據需要準備？

第一階段：準備和績效相關的數據

數據包括績效承諾書、績效行動計畫完成情況、績效考核評分表，以及員工在部門生產過程中產生的其他數據等，還可以包括其他員工的互評數據、上級的評價，甚至員工的個人檔案也需要多看一看。

為什麼要多看看呢？因為想要在績效面談的過程中和員工好好交流，就需要與他們同流，俗話說：「同流才能交流，交流才能交心。」進入他們的世界，與他們共情、共景、共鳴，才能實現雙贏。如果我們不了解這些數據，那麼在和員工進行面談時，想要開啟一個話題就顯得有點艱難了。

第二階段：預估面談結果

如果以上這些數據都準備齊全了，接下來就進入面談過程的第二階段。

主管透過員工的績效結果，行動計畫完成程度及同事和上級的評價數據，就可以清楚知道這個員工的能力如何。

第四章　落地執行：績效推行的系統化方法

如果這個員工相對優秀，那我們大概就能猜到一些情況。如果員工的性格很強勢，那我們也可以根據他們的評分等級和考核結果對績效面談結果做一個預判。我們甚至還可以對可能會發生的衝突提前做好一些備案。例如如果面談談毀了，就提前安排好接下來該如何應對，或是談得很有效果後，又該怎樣繼續簽訂績效改進計畫書。所以，這其實是一個庖丁解牛的過程，企業主管要心裡有數、胸有成竹。

第三階段：傾聽員工自評

績效面談進行到預估面談結果之後，就會進入開場階段。身為企業主管，我們要感謝員工，包容他們，給他們展望，並認真傾聽他們的自評。

在之前的績效面談七原則裡提到過主管應善於傾聽員工，有些員工在參與績效面談時，會提出很多觀點，例如自己的工作方式或結果沒有錯，或者自己做了大量的工作，雖然沒功勞，卻有苦勞等。我們要真誠傾聽他們，認可他們對自己的評價，在追問事實時，也要注意適度。

在這裡我們要清楚一個界限，績效面談中需要追問的是事實，而不是原因。例如，事實是什麼樣的，就需要讓員工還原事實，在什麼情境下，為了什麼目標，採取過什麼行動，最終有什麼結果，結果又是怎麼產生的？

甚至還有在完成工作績效的過程中，都有誰幫助了他？

第四節　完整流程：績效面談的六步執行方案

他又幫助了誰？與誰溝通過？工作行動分幾步驟？是否是按計畫書操作？在哪裡操作了？具體又是什麼時間？以什麼作為標準等等。這些問完之後，員工就能夠全方位剖析自己。企業主管在傾聽員工的自評，並這樣追問時，就是只問事實，不問原因。

第四階段：肯定員工貢獻

傾聽完員工的陳述與訴說之後，就需要肯定他們為企業所做出的貢獻，我們可以對員工說：「不錯不錯，你確實做得不錯。」這其實是以感恩和欣賞的方式去開啟員工的心扉。我們首先肯定了員工的付出，員工心裡也會高興，如此雙方就可以形成一種磁場效應，這將會更有助於繼續深入的交流溝通和員工後續的發展。

第五階段：討論相應支持

企業員工所面臨的不足，可以從績效考核表中的承諾書部分看到，他們要完成的任務、行動計畫和要達成的目標，會與剛才的表述出現一些差異。這些差異的出現一定是因為某些步驟或過程出現了問題。為了更好的找出這些問題的出處，這時就需要一個工具表格的幫助。

我在之前的章節中講述過 SMART 原則，我們可以把員工所面臨的情況引導著朝 SMART 原則上聚焦。可以討論具體的相關點是什麼？員工當時對這個部分是怎麼衡量的？這

第四章　落地執行：績效推行的系統化方法

個目標最初為什麼會被定義為不可達成或可達成呢？

討論這部分時還可以加入一些原因的引導，這樣員工就會給出關於當時的目標實現是怎麼設計的答案。只要員工都能按照這種思維方式去思考，企業就會逐漸將討論的內容慢慢聚焦到改進計畫中去了。

第六階段：制定下輪計畫

企業主管要把在績效面談中員工所講的差距、具體的原因、步驟、相關性等寫入下輪計畫中。

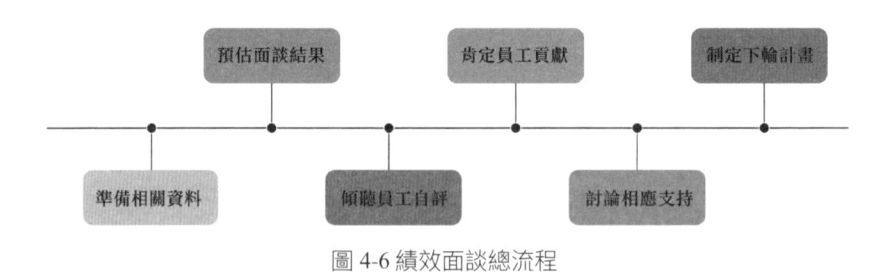

圖 4-6 績效面談總流程

績效改進面談計畫表與績效改進溝通表

當績效面談結束後，主管該用什麼檔案來記錄面談過程中的內容？我給大家分享兩張工具表格——一個是績效改進面談計畫表；一個是績效改進溝通表。這兩個表格的名稱不一樣，但其實功用是差不多的。

首先，第一張表是「績效改進面談計畫表」。這個表格

第四節　完整流程：績效面談的六步執行方案

可以幫助主管在面談的過程中知曉員工的資料，傾聽員工表達，促進績效，甚至還會記錄每名員工的行動計畫和改進計畫。記錄這些之後，就能如實進行整個溝通過程，這樣的面談過程可以累積下來很多內容。

在面談結束後，就需要「績效改進溝通表」，這張表是在績效面談過程中收集到的員工資訊。最後還要整體看一下這些是否符合企業員工的實際情況，如果員工們都覺得合適，接下來就需要繼續討論下一步怎麼去進行了。

和員工們討論結束後，按照 SMART 原則，把討論的內容具體化，再請雙方簽名，並報告上級。如果上級審核結果是同意，那在下一個週期考核時，這個環節就將加入員工們的考核內容中。這個過程就是績效改進面談表的內容。

表 4-1 績效改進面談計劃表

被考核人姓名		被考核人崗位		績效週期	＿＿＿年＿月至＿月
直接上級		所在部門		填表日期	＿＿＿年＿月＿日
一、本期考核成績回顧					
做得比較好的方面 (指體現影響員工績效的行為、方法、動機等方面)	考核成績：＿＿＿＿　考核對應等級：＿＿＿＿				
需要改進的地方 (指體現影響員工績效的行為、方法、動機等面向)					
二、下期績效改進計劃(選擇1-2項重點改善的方向/領域)					
需重點改善的方向/領域1					

第四章 落地執行：績效推行的系統化方法

具體行動計劃/改進辦法 (需體現落實期限)	
需重點改善的方向/領域2	
具體行動計劃/改進辦法 (需體現落實期限)	

被考核者 簽名/日期		直接上級 簽名/日期		部門經理 簽名/日期	
備註	需報備人力資源部； 績效改善計劃要有明確的針對性，要針對需改進的績效領域； 績效改善計劃內容具體、清晰，有可操作性，且上下級達成一致； 績效改善計畫要有明確的完成時間、預期結果。				

「績效改進溝通表」可能會比「面談計畫表」的功用少了一點，也相對粗放一點。所以，一般企業都會選擇使用「績效改進面談計畫表」，其內容簡單而言就是工作任務是什麼、工作評核是什麼、改進措施是什麼。這些問題在溝通表中沒有劃分得很清楚，但是兩個表格的內容結構是一樣的。

也就是說，兩種表格都可以採用，但如果需要面談的對象是問題員工，那麼建議還是用「績效改進面談計畫表」，因為優秀員工和問題員工在使用「溝通記錄表」可能會存在一點差異。畢竟當主管在績效面談時，拿著計畫表給優秀員工使用，並告知其還需要填寫改進面談表時，員工會覺得有些不舒服。

溝通類型的表格，其實就是對於優秀員工、稱職員工、

第四節　完整流程：績效面談的六步執行方案

合格員工進行的分析。當他們看到這張表時，或許沒有牴觸的情緒，但是面談過程中會讓他們發現自己需要改進的地方。如果這些優秀的員工也有待改進的地方，那在溝通後就把這部分記錄下來，然後填進表格裡，最後讓員工簽名就可以了。如此操作後，這部分內容將會融入下一輪的績效考核中。

表 4-2 績效改進溝通表

談話日期：＿＿＿＿年＿＿＿月＿＿＿日				
員工姓名		部門		員工職位
考核人姓名				考核人職位
確認工作目標和任務：(討論目標計劃完成情況及效果，目標實現與否；雙方闡述部門目標與個人目標，並使兩者相一致；提出工作建議和意見)				
工作評估：(對工作進展情況與工作態度、工作方法作出評估，什麼做得好、什麼尚需改進；討論工作現況及存在的問題)				
改進措施：(討論工作優缺點；在此基礎上提出改進措施、解決辦法及個人發展建議)				
補充：				
考核人簽名：＿＿＿＿＿＿　員工簽名：＿＿＿＿＿＿				
註：(1) 在進行績效管理溝通時由主管填寫，注意填寫內容的真實性。 　　(2) 表格與評估結果共同交至人力資源部門，考核人與員工各持有一份。 　　(3) 談話內容可參考文件中的「溝通內容建議」。 　　(4) 具體內容可依實際情況適當增刪，不必完全拘泥於本文建議的內容與格式。				

第四章　落地執行：績效推行的系統化方法

> ORID（Focused Conversation，Objective-Reflective-Interpretive-Decisional）
> 聚焦式面談法

最後再介紹一種可以在績效面談過程中使用的工具，那就是 ORID 聚焦式會談法。

在講述績效面談全流程中，我們提到一個步驟就是：只問事實。因為事實發生是客觀的，事實發生後，面談者的角度看到的是員工們講述的事實，而不是身臨其境感受員工的情感。所以這只是換取當事人對事實的反應，以理解某個最終的決定。

舉例來講，有些人可能小時候有過被狗咬的經驗，他們從那以後就開始怕狗，在長大之後還會繼續害怕。如果有一天剛下班走到公司門口就發現那裡蹲了一隻漂亮的大黃狗，此時面對這個外部現實，你的內心會怎麼反應？大概會想起自己小時候被咬的悲慘經歷吧？這時候，你就會清楚知道不能從公司正門走，於是最終決定從公司的後門離開。

但如果你是愛狗人士，下班時走到公司門口，發現那裡蹲著一條漂亮的大黃狗，你可能會想過去摸一摸。如果你是沒被狗咬過，但不是特別喜歡狗的人，你的態度和決定可能就是漠不關心的從正門離開而已。

所以不難發現，世間所有事情發生以後，我們每一個人的處理完全來自內心的體驗及對過去的認知。所以這時就可

第四節　完整流程：績效面談的六步執行方案

以使用 ORID 聚焦式面談法，來挖掘企業面談者出現各類問題現象和事實背後的原因。例如看到的現象是工作沒完成，但背後的原因可能是天氣不好或市場人力減少等。

這是企業主管對員工們事實背後的原因的理解。

ORID 聚焦式面談法中的反應部分，就是主管要讓員工們對事實有反應，並理解其中的意義，最終進行決策。假如每個人的思維都是這樣，那在面談的過程中，就一定要員工問清事實，再問過去有沒有相關的經驗，以及當時反應和理解是什麼，最終又是怎麼決定的。透過這四步，企業的主管就可以深挖員工們在績效沒達標或績效偏差的原因。用一句話來界定就是：人類對於外界事物是選擇性處理的。

我們知道，事物都是多面性的，我們可以從自己的角度講述事實，挖掘原因，進而影響或改變員工對原來事物的理解。這是由 ORID 聚焦式面談的內在邏輯和事實經驗與理解決定的。

做出決定 (Decisional)：讓人們能對未來做出決定的問題

詮釋意義 (Interpretive)：挖掘出有意義、有價值、重要的問題

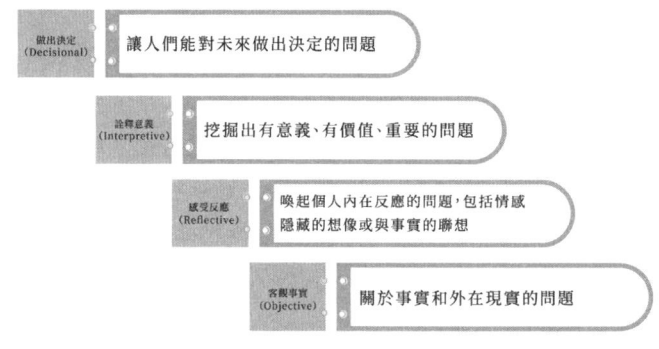

感受反應 (Reflective)：喚起個人內在反應的問題，包括情感隱藏的想像或與事實的聯想

客觀事實 (Objective)：關於事實和外在現實的問題

圖 4-7 ORID 聚焦式會談法

第四章 落地執行：績效推行的系統化方法

　　當然工具都是好工具，對於如何使用，那就仁者見仁，智者見智了。我們在學習完本節後，就可以結合一次績效面談的過程，嘗試使用一下這個工具。

> **本節作業**

　　掌握 ORID 聚焦式面談技巧。

第五章
從獎懲到栽培：
員工發展與績效提升的結合

第五章　從獎懲到栽培：員工發展與績效提升的結合

第一節　九步法則：面談引導員工績效改進的實戰技巧

到這個部分，其實就進入績效管理的後期了，在經過感性、理性操作後，我們逐漸進行到了績效管理的回饋階段。在輔導、回饋的這部分內容中，我們講的第一個內容就是問題員工的處理；第二個內容是績效體系的評核、技術和方法；第三個內容是處理爭議的一些技巧，例如勞動爭議。

問題員工輔導九步法 —— 改進面談流程

當代職場年輕人往往都處於「八缺八不缺」的工作生活狀態中。什麼是「八缺八不缺」呢？簡單來講就是不缺學歷缺閱歷、不缺理性缺感情、不缺幹勁缺韌勁、不缺知識缺素養、不缺想法缺辦法、不缺活力缺定力、不缺能力缺魅力、不缺情感缺情懷。對於已經擁有的，自然就需要繼續保持，那缺少的又該怎麼去補足呢？我們知道，知己知彼才能更好的實現同流，這又該如何達成呢？

其實，職場信任有時很像績效週期性結束之後的那些績效未達標的員工。對於這一類的員工，尤其是績效排名後面

第一節　九步法則：面談引導員工績效改進的實戰技巧

的員工，為了個人和企業將來更好的發展，公司就需要對他們進行績效改進輔導，剖析他們各自的問題進行，盡量做到懲前毖後。

問題員工的績效改進流程，在起始部分和績效面談流程一樣，都有一個準備的階段。為什麼需要準備？這是一次針對問題員工的面談，所以前期的準備就更應該詳細。在確定談話時間後，需要提前通知員工，並且選擇不受干擾的談話時間和地點。

如果準備面談的主管很忙碌，辦公室人也很多，那這個時間就不要再約問題員工進行改進面談。因為改進面談中所談到的話題，可能會涉及員工本人的隱私問題或績效不佳的狀態。在這種有很多外界干擾條件情況下面談，員工就會有些被動。

需要提前準備好績效數據。提前準備，不僅僅只為了確定面談內容，也是預防期間受到打擾或遇到員工情緒化的狀況時，不至於啞口無言，這更是為了確保績效改進面談完整且順利進行，所以需要提前準備。

那麼，在進行面談之前，除了主管需要做一些準備，員工又應該準備什麼呢？他們需要做好回顧和自我評核的工作，同時準備一些問題。例如，這次績效目標沒達成是有哪些困難。

第五章　從獎懲到栽培：員工發展與績效提升的結合

在一切準備工作都完成之後，接下來的步驟就是營造開場的融洽面談氛圍。雖然面談的對象是績效待改進的員工，但主管還是需要創造舒適的、開放的氣氛，感謝員工，包容他，給他展望。只有在面談過程中使員工心情放鬆，雙方才可以保持最佳的交流狀態，才能談到問題的本質。

座位，雙方最好是呈 90 度坐，因為績效改進面談中要談的話題是艱澀的。如果主管和員工面對面，他想做一些情緒的調整，都將在主管的面前表露無遺，員工會很糾結、緊張。所以建議雙方呈 90 度而坐，員工放眼望去，看到的是另外一個角度，他會覺得主管好像沒注意他，心裡會好受許多（但實際上我們還是可以看到的）。同時，座位的距離不要太遠，也不要太近，太近會給人壓力感，太遠又容易聽不清楚員工說了。因為有些員工在說到關鍵內容的時候，聲音就會降低，這時這個不好再問一遍，以確保自己聽清楚，這樣就可能會陷入尷尬的境地。

績效改進面談的第三步是員工自評。員工需要簡要彙報工作的完成情況和能力素養的改善情況，並對自己的分數進行說明。在員工彙報的過程中，主管要傾聽，對不清楚之處及時發問，但不做任何評價。同時，主管還要注意員工彙報時的肢體語言，畢竟書面彙報的內容不一定是真實的。如果員工所寫的彙報內容有虛假，那他在彙報這個部分時，可能會出現的一些特定動作，行為會出賣真實的心理。

第一節 九步法則:面談引導員工績效改進的實戰技巧

第四個步驟是上級評價。因為參與面談的是待改進的員工,所以不能像之前和其他員工進行面談時那樣,主管需要指出員工的問題。當我們對員工進行全面評核(包括業績評核和能力評核)時,就需要注意根據事先設定的目標衡量標準,再進行評核。在評核員工的成績,要注意依據事實,同時還要先肯定員工的成績,再討論不足之處。我們在之前的章節講目標分解和承諾時,歸類過一些目標標準,這時就可以從當時填好的表單裡,把這些部分提取出來,以便給員工進行準確的評核。

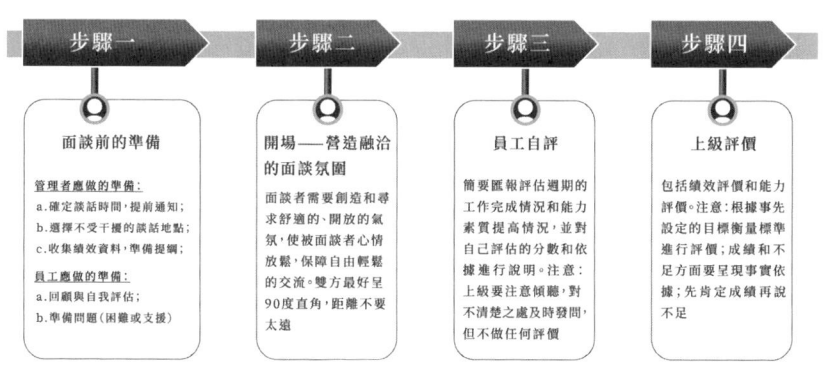

步驟一	步驟二	步驟三	步驟四
面談前的準備	開場——營造融洽的面談氛圍	員工自評	上級評價
管理者應做的準備: a.確定談話時間,提前通知; b.選擇不受干擾的談話地點; c.收集績效資料,準備提綱; 員工應做的準備: a.回顧與自我評估; b.準備問題(困難或支援)	面談者需要創造和尋求舒適的、開放的氣氛,使被面談者心情放鬆,保障自由輕鬆的交流。雙方最好呈90度直角,距離不要太遠	簡要匯報評估週期的工作完成情況和能力素質提高情況,並對自己評估的分數和依據進行說明。注意:上級要注意傾聽,對不清楚之處及時發問,但不做任何評價	包括績效評價和能力評價。注意:根據事先設定的目標衡量標準進行評價;成績和不足方面要呈現事實依據;先肯定成績再說不足

圖 5-1 問題員工績效改面談前四步驟

改進面談流程的第五步:討論績效表現。在這一步中,員工和主管需要一起探討問題產生的原因,並記錄員工的不同意見,並及時回饋。可以先從有共識的地方開始談起,雙方不要形成對峙的局面。在討論績效表現時,可以使用「績

第五章　從獎懲到栽培：員工發展與績效提升的結合

效改進面談表」，主管需要注意員工的績效標準和相關績效事實，不以個人的好惡去判斷。有時因為主管個人內心的不滿而在面談中帶入個人情緒，往往會導致面談有失偏頗，所以這種情況是要不得的。

一個成熟的主管在看自己企業中的員工時，永遠去看他們各自的特性，企業使用的也是每個人的人力資本特點。一個員工只要合法合規、合情合理，不做違法亂紀的事，那就是一個好員工，只是有時候他們自身的特性沒發揮出來而已。

這個部分談完之後，就需要讓員工知道績效改進的內容，也就是進行面談的第六步：制定改進計畫。主管需要幫助下屬提出具體的績效改進計畫，並形成績效改進計畫表。如果員工有意願改變，那麼接下來就可以開始面談的第七步：重申下個階段考核的內容和目標。

這個步驟需要做的是和員工確認下個階段的工作目標、階段成果及目標達成時限。同時，主管也要注意目標的可衡量性和可行性，當然這個工作可以使用 SMART 原則來幫助我們對目標進行再次評估。

如果面談進行到這一部分，就可以進行第八步，即和員工討論其所需要的資源和支援。員工可以談自己的職業規劃或培訓需求，主管要給予相應的建議。此時要注意的是，不給員工不切實際的承諾，而且承諾的事情事後一定要兌現。

第一節　九步法則：面談引導員工績效改進的實戰技巧

例如，主管比較詳細的告知面談員工企業這個月的目標和改進計畫，並且提出了一些建議。可是如果員工認為不切實際，那主管就可以幫員工回過頭重溫他的承諾和行動計畫，讓員工心甘情願承諾並履行。

最後一步就是在面談雙方達成一致後，雙方進行評核結果及談話記錄簽名確認，這樣整個績效改進面談的流程就結束並形成了一個完美的閉環。這就是問題員工訪談的九步驟。

步驟五	步驟六	步驟七	步驟八	步驟九
討論績效表現	制定改進計畫	重申下階段考評內容與目標	討論需要的支持和資源	評估結果及談話紀錄簽名確認
探討問題產生的原因；記錄員工不同意見並及時回饋。注意：從有共識的地方開始談起，注意不要形成對峙的局面；關注績效標準及相關績效事實	幫助下屬提出具體的績效改善措施，並形成績效改進計畫表	確認下階段的工作目標，階段成果，目標達成時限。注意：注意目標的可衡量性和可行性	員工談自己的職業規劃或培訓需求，管理者給予建議。注意：不要給予不切實際的承諾；承諾的事情事後一定要兌現	整理考核評估表、面談紀錄併後雙方簽名確認。結束時，給員工鼓勵並表達謝意

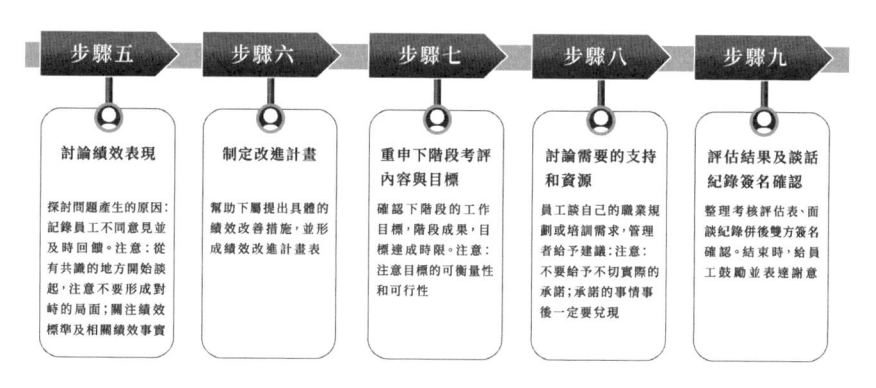

圖 5-2 問題員工績效改面談後五步驟

特殊情況下的績效改進面談

以上是績效改進面談流程的常規九步，當然在面談過程中還會出現一些特殊的情況，例如員工不接受績效結果。為了更好的解決這些特例我們再來看幾個案例。

案例一：員工的工作做得不錯，但在工作中喜歡挑活，

第五章　從獎懲到栽培：員工發展與績效提升的結合

情緒不穩定，團隊合作時常常讓其他人不愉快，甚至合作不順暢，針對此類員工，該如何進行績效評核及溝通？

對於這一類人而言，他們一般還意識不到自己在團隊和工作中出現了問題，所以和他們面談的過程也算作一個特殊的問題情況。比較好的應對方式就是讓這種員工先說，也就是在上述九步驟中加一個步驟──讓他先說。因為這類員工情緒不穩定，那首先需要注意的就是不能給他們刺激，也不能去和他們對峙。

主管要盡量感謝他們、包容他們，給他們展望，然後讓他們自己發現在工作中的問題根本。主管只需要幫他們回顧整個過程就可以了。其實這種的員工能力一定是不錯的，所以當主管引導他們去分析問題時，他們也會很快意識到團隊不和諧的原因，等到他們主動回饋出來後，主管就可以在改進表上寫下中肯的建議了。

案例二：績效低的員工其實就是徹底的問題員工，工作業績達成普通，這種員工如果不認同考核結果，在回饋時一味強調外部因素，但善於交際，團隊內部評價好，針對這種員工，該如何有效處理與溝通？

這種員工一般都會很糾結，他們認為自己遭到了公司的不公平待遇。這時候就需要主管擺事實，講道理，最好能舉例證明這份工作的平均績效水準是什麼、其他員工是怎麼完

第一節　九步法則：面談引導員工績效改進的實戰技巧

成的、這類員工又是怎麼完成的、每個階段是怎麼做的評分、每一個指標又是以什麼為標準的。事實勝於雄辯，其實就是需要讓這種員工看到差距。

案例三：員工認為團隊成員普遍反映自己表現不錯，所以他們對自身的期待過高，但實際評核結果與個人期望不一致，針對這種種工，該如何進行績效回饋和輔導？

這類員工往往都很驕傲，他們認為自己很厲害。那麼在績效改進面談中就需要用事實證明，他們並沒有自己想像中那麼優秀。較好的處理方式是冷處理一段時間，不能急於和他們進行面談，而是需要讓其自己在團隊中感受。因為這種員工雖然認為自己期望很高，但在團隊績效結果一出來，發現自己和別人之間產生了一定差距後，他們是會進行反思的。畢竟對這種型的員工而言，這樣的差距對他們的衝擊其實比別人大得多。

所以，處理這樣的問題員工，最合適的方法就是把他們安排在最後面談。

原因很簡單，這是一種心理戰術。其他員工都進行了面談，但就不找他們談，哪怕最後就只剩一個人了，也要先暫停兩天再約他面談。在等待的過程中，他們可能就會產生緊張感，可能會跟其他員工打聽，然後，就會知道自己的情況了，這樣再進入面談環節，問題就不大了。所以冷處理這一招，有時候還是很實用的工具。

第五章　從獎懲到栽培：員工發展與績效提升的結合

案例四：員工具有較強的執行力，主管安排的工作都能完成，遇到困難時也能加班熬夜等，結果、產出都在預期內，很難有獨特創新或超預期的產出，針對這種員工，該如何進行績效評核與溝通？

這種問題員工任勞任怨，如果將他們作為人力資本盤點之後，就會發現他們其實已經沒有潛力提升了。既然如此，那就不要再為難他們了，只需認可他們的辛苦、贊同他們的努力。但是依舊要給他們提供一些或許可行的方法改進效率，能增加多少，就增加多少，因為他們能力就這樣了，但這才是踏踏實實做事情的員工。

所以對於這種員工，主管還是需要多關愛他們，不要給他們施加那麼大壓力，安排常態工作就好。我們還是要肯定這種員工的業績，肯定他們對企業和專案的貢獻。同時也教給他們一些方法，盡量減少他們的壓力，讓他們可以把基礎工作做好。

績效改進面談中主管的疑問

講述完對待特殊問題員工的方式，接下來我們一起看看如何解決主管在績效面談中困惑。

案例一：員工能力一般，但由於主管起初設定的年度工作目標簡單，員工總能超額完成目標，所以年度評核為優

第一節　九步法則：面談引導員工績效改進的實戰技巧

秀,這種評核結果是否合理,為什麼?

其實這個不用多說就知道是不合理的,因為即使員工完成了年初設定的目標,也不一定能證明他是優秀的。但是值得強調的是,如果企業的績效最初是這樣設定的,那達到目標的員工就應該被評為優秀。畢竟員工不僅完成了,而且還是超額完成的,所以只能說企業主管在制定目標的時候,沒掌握好,沒有了解清楚市場。一定不能因為目標簡單,就不給員工承諾的獎勵和報酬。

案例二:部門績效不錯,團隊成員都很努力,結果產出也很好,但主管無法評出 A/B 和 C/D,特別是 C/D,該運用什麼方法進行評核,並對 C/D 員工進行績效回饋?

這個問題其實也可以讓團隊中的成員一起完成,大家一起討論每個成員及職位職責怎麼定、職位價值參照什麼標準、人力資本潛力又是怎樣等三個問題。如果這三個問題解決了,那麼 C/D 的評價標準自然也就出來了。

案例三:在業務發展快速、人力緊缺的情況,出於穩定經營的考慮,考核中是否需要評出 C/D?如需要,該如何評出?

在這種情況下,一定要和問題員工進行績效改進面談。如果不讓問題員工成長,那其實就等於「毀」人不倦。主管可以採用多次面談,懲前毖後的方式。如果人力緊缺,主管在

第五章　從獎懲到栽培：員工發展與績效提升的結合

進行面談的過程中，應將重點放在員工成長上，不提及獎懲或是調動；如果人力充沛，那就可以考慮員工調動。

當然，人力緊缺時，也還是要耐心指出問題員工的缺失。如果因為人力緊缺，就不敢指出問題所在，這是不利於員工未來成長的。企業的主管都是為員工的未來發展著想，所以他們大都是能夠理解的。總之，在這樣的情況下還是要進行績效改進面談的，睜一隻眼閉一隻眼，得過且過是最不可取的。

案例四：主管年初沒有給下屬設定清楚的年度目標，並且在過程中時常調整，卻沒有及時回饋與輔導，年終評核時，該如何進行評核和績效回饋？

在這種情況下，企業績效如果出現了問題，就不要怪員工了。這就是在之前章節中所講述的目標願景和計畫部分，是主管沒做好，沒跟團隊一起互動。所以這個問題就很難談了，因為只有從夢想出發，依序做好整個流程，並及時回饋溝通，才能讓員工知道，才能和問題員工面談。否則目標都不是年初的目標了，還有什麼好面談的呢？

案例五：公司因調整策略，員工的付出無法得到成果。也就是說，以結果導向來看，員工並沒有實際產出，此時該如何評核績效？主管針對績效回饋的過程，員工提出不認可，並質疑評核的合理性時，又該怎樣往下溝通？

第一節　九步法則：面談引導員工績效改進的實戰技巧

　　針對這種情況，我們要分析公司的專案是不是有階段性的結果？如果是，就需要定義出階段性的結果，並以此來評核績效，這樣下屬就沒有什麼能質疑的了。關鍵是有時企業的策略忽然調整，有的專案進行到一半，就停下擱置了，這種情況就是行動計畫緩於策略變化，最終導致的結果就是員工努力向前進，但半路回頭一看，方向錯了，這時下屬不認可績效評核就是正常的。

　　此時，企業主管就需要找到員工努力的方向和企業方向的交會點，然後把一個專案拆成很多階段，每個階段單獨討論，再給員工解釋策略變化之後，他們工作專案進行了多少，因為後續沒有付出勞動，所以就不能算績效。由於調整是公司造成的，所以在調整之後，要及時安排員工加入其他專案或其他工作。

　　案例六：有的老師課上講到，淘汰的員工也是為社會輸出人才，但是一般情況下，企業並不看好或者錄用被其他企業淘汰的員工，這個在績效溝通中如何解決和應對？

　　其實企業並不是把員工淘汰，而是給員工找了一個出路，也許員工離開了這家企業會更好。但一般情況下，企業並不看好或者錄用那些被淘汰的員工。所以在這績效溝通中該如何解決確定是一個大難題。

　　例如，某位員工實在沒有辦法在公司待下去了，因為他

第五章　從獎懲到栽培：員工發展與績效提升的結合

的績效連續幾次都很差，那麼他將要面對的可能是公司的勸退或終止合約。此時，如何讓這名員工不帶著怨氣離開，這就是主管需認真對待的問題了。

其實，人各有長，解僱也是可以做到化危為機，和諧處理勞動關係的。只要抓到每一個員工內心的興趣和成就，重塑他的信心，讓他知道離開這家公司也可以找到一個更適合的平臺發揮價值。企業主管甚至還可以幫將要淘汰的員工規劃一下未來的發展方向和工作方向。

有時候，說話要講究藝術，員工不適合工作是能力的問題，工作不適合員工則是匹配的問題，這是不一樣的概念。總之，懲前毖後，人才輸出的概念在於讓員工能夠在更適合的平臺發展。如果這個平臺是公司內部的，那就最好了；如果不是，就只能是外部的其他平臺，但這可能會給員工帶來一定的傷害。因為員工往往對曾經工作過的企業還有一定情感，這時就需要去引導他一下。可以進行長期的面談溝通，至於需不需要再次進行溝通，就取決於雙方是否有時間和意願了。

最後，在這一節還有一個小工具——BEST 原理（Behavior description-Express consequence-Solicit input-Talkabout positive outcomes）。例如，在和問題員工進行面談的時候一定要描述行為、表達後果，徵詢員工的意見，最後著眼於未來。

第一節　九步法則：面談引導員工績效改進的實戰技巧

這四句話很簡要的說明了如果企業主管能善於描述行為，表達績效闡述的結果，徵詢員工的意見，並在員工的興趣或展望上讓其關注未來，看到未來有更高的投資報酬率，員工一定會願意轉變和改變的。

B 描述行為　E 表達後果　S 徵求意見　T 著眼未來

圖 5-3 BEST 原理

本節作業

進行一次問題員工的績效改進面談。

第五章　從獎懲到栽培：員工發展與績效提升的結合

第二節　評核標準：績效評估的核心原則與實踐

在梳理並學習完績效面談的流程與方式技巧之後，接下來我們就將進入績效評核的內容了，我們一起來探討績效評核的內容與原則都包括哪些部分。

績效評核三原則

大家一定都聽過盲人摸象的故事。這則寓言告訴我們，在面對問題的時候應該進行全面思考，不能過於片面。績效評核時也是一樣的，每個人都站在自己的立場、權益、認知角度思考績效管理，所以得出來結論也不一樣，這就會導致對待績效的態度也不一樣。

這時就需要一個標準原則，來幫助企業主管更好的進行績效評核工作。

績效評核通常包括全面績效原則、個人貢獻原則和層級貢獻原則三部分。

全面績效原則是指公司目標與指標、部門目標與指標、職位目標與指標的設定、分解、執行的總過程管理，績效前

第二節　評核標準：績效評估的核心原則與實踐

期目標分解的四面向目標需要做一個全面評核。個人貢獻原則是指個人的人力資本在績效運作過程中產生的價值，包括員工的知識技能、體能及想法等。層級貢獻原則是指各級部門在運作過程中，合作產出的效果及貢獻的原則。不管是哪一級評核，都需要遵循一定的績效評核改進中的基本原則。

無論是團隊評核、個人評核還是層級評核，主管在進行評核的過程中都可以參考以下三個詢問方式。

1. 多問「是什麼」，少問「為什麼」

企業評核時需要問的第一個問題就是績效發生時的事實是什麼。將事實擺出後，原因自然就清楚了。畢竟如果企業成員之間總問「為什麼」，評核可能慢慢就會演變成相互指責的過程。另外，在層級之間，如果部門總在相互詢問「為什麼」，就可能會造成相互推責的後果。

2. 多問開放式問題，少問封閉式問題

在績效進行的過程中，多問員工發生了什麼，而不是詢問是誰的責任。多問開放式問題，可以使主管在評核過程中幫助員工。

3. 多問未來，少問過去

過去的事情已經發生了，這時如果再去追責，就需要知道問題出在哪裡。但其實這些問題都可以透過績效考核結果

第五章　從獎懲到栽培：員工發展與績效提升的結合

凸顯出來,所以就沒必要一直耿耿於懷。

在整個評核過程中,需要做的就是點燃員工的渴望,即對問題的渴望度、對夢想達成的渴望。同時,在評核的過程中,再加上員工改進過程的行動步驟,企業及其員工就可能會得到改變的動力。

但如果企業主管總是在問「為什麼」,還總問一些封閉式問題,並對過去的事情耿於懷耿,那就很難看清一些事實的根本,也很難看到員工們對問題的認知,甚至難以讓大家形成共識,並對未來抱有期望。

績效改進輔導中宜遵循的基本原則如圖 5-4 所示。既然我們已經知道了原則是什麼,那接下來又該如何去做呢?其實教練技巧就是一個可以使用的很好的工具。但無論是哪一級的評核,企業主管都應該從教練技巧的以下幾個角度去進行:

第一步是激發。企業評核員工績效達成度時,在面談結束之後,還需要激發員工的一些想法、動力。例如員工到底想要什麼、如何做到這種程度、這種程度離企業的目標差距有多少、如何知道自己已經達成目標,以及為什麼這個結果對員工而言重要等。

第二節　評核標準：績效評估的核心原則與實踐

```
     1                    2                    3
多問「是什麼」        多問開放式問題          多問未來
少問「為什麼」        少問封閉式問題          少問過去
```

圖 5-4 績效改進輔導的基本原則

教練技巧的循環其實恰好告訴了企業，如何在評核個人貢獻、團隊、成績中形成多元的探索角度。同時，這些探索角度還可以被不斷細分，細分到四個問題——在個人貢獻中想要的是什麼？為什麼這麼重要，如何確保能夠實現？未來如何更進一步，並需要為此承諾什麼？以及如何知道已經達成了，又該如何獲得內容或報酬？而這些問題，又恰好變成員工的動力。

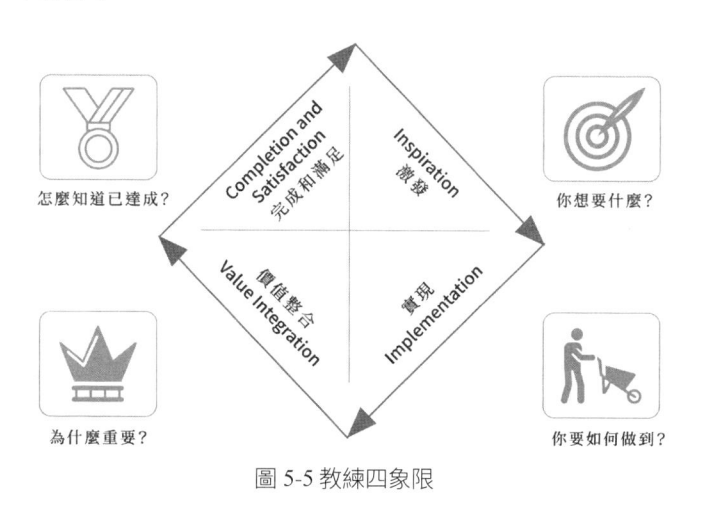

```
            Completion and      Inspiration
            Satisfaction         激發
怎麼知道已達成？  完成和滿足                       你想要什麼？

            Value              Implementation
            Integration         實現
            價值整合
為什麼重要？                                     你要如何做到？
```

圖 5-5 教練四象限

207

第五章　從獎懲到栽培：員工發展與績效提升的結合

無論是全面績效評核、個人評核還是層級評核，其實都是在探究四個問題：公司和個人及部門想要什麼、要如何做到、為什麼重要、怎麼知道已達成，甚至還會考慮達成目標後下一步未來的計畫是什麼，SMART 原則又是什麼樣子，以及第一步是如何開展的。

所以，企業在進行績效評核過程中一定要追溯第一步。不難發現，在企業中，部門主管總是在乎一些發展方向，卻往往忽略了探尋的第一步該怎麼去做。

為了讓其能變成實際的內容，本節提供一張表，表 5-1 可以清楚解決績效評核過程中的問題。這張表一共由六個問題組成，讓我們來看看這些問題都是什麼，怎樣運用表格才能更好的解決績效推行的問題。

表 5-1 績效過程評核表

	1分 極差	2分 較差	3分 尚可	4分 較好	5分 極佳
1.成果:成果是否符合目標？					
2.創新:有哪些超越以往？					
3.差距:有哪些低於目標？					
4.原因:功過由哪些原因造成？					
5.責任:哪些人要為此負責？					
6.對策:下一步目標計畫？					

在項目對應等級劃○即可。總分：

彙報人＿＿＿＿　評價人＿＿＿＿

第二節　評核標準：績效評估的核心原則與實踐

1. 成果

企業需要評核成果是否符合目標，也就是在全面績效評核時，企業和員工提出的目標背景下產生的一系列願景所帶來的美好未來。在第一部分講述夢想連結夢想的時候，我們曾提到過這個話題，企業將目標背後的願景描繪得越細緻，它就越可能成為成果。這些成果，也就是目標實現之後產生的關鍵成果，是否符合當時的既定目標呢？如果符合，接下來就可以根據這個情況進行優、良、中、差的評分了。

2. 創新

創新是評核員工在執行過程中是否有突破。因為企業定目標計畫的時候，往往是整個團隊共創的，創意是員工在自己運作的時候所爆發的。畢竟績效承諾書一旦簽訂，責任就分擔到個人了，而這時員工們在執行過程中，因各種原因，可能就會出現一些超越或落後的情況。所以，如果有創新，就需要注意哪些部分是因為自己的努力，這樣一來，在填表給分時，就需要把分數提高一點。

3. 差距

這個過程存在哪些差距，又為什麼會產生這些差距呢？員工在執行過程中，制定的行動計畫有時間、地點、人物、事件，還有當時寫下的為什麼、怎麼做，以及工作方式和工

第五章　從獎懲到栽培：員工發展與績效提升的結合

作內容。這些紀錄中，哪些部分是已經做到位，但實現的目標還低於當時定的目標？對於這個問題的解答是主觀的還是客觀的？企業要把它解釋清楚，就需要注意——主觀問題不放過。畢竟客觀原因是客觀存在的，但主觀原因是可以分析，並且有改變餘地的。如果連主觀原因都不分析，那就是有問題的了。

4. 原因

對於原因這個問題，其實很難回答。企業層面造成的問題還好，但如果是個人功過原因造成的，那麼很多人就會開始相互推卸責任。所以，分析原因的難度特別大。但是企業在進行評核的過程中，又一定需要找到它，因為找不到原因就找不到問題所在。所以，到評核階段就要根據面談的內容追究原因。

主觀和客觀因素，我們在前面都分析過了，接下來就可以看看是否是人的原因，到底是錢不到位、人不到位，還是流程裝置不到位？總得找到一個病根，才能為下一步績效奠定基礎。如果原因找不到，負責人當然也不會出現。這就像去醫院看病一樣，如果找不到病因就盲目對症下藥，是萬萬不可取的行為。所以要精準治療，首先就得把原因找到。

5. 責任

問題原因找到之後,負責人自然就清楚了,要求負責人整治就可以。但如果負責人就是問題員工,怎麼辦呢?可以參考我們在前文分析的問題員工面談技巧。這樣我們就可以漸漸發現哪些人應對此負責、哪些部門應對此負責、哪些團隊能對此負責。所以,最終企業還是需要把負責人找到的。

其實並不是要追究誰的責任,主要還是找到產生問題的根本原因和這個員工做錯了什麼、做對了什麼、在哪些方面還不到位。同時還需要用 SMART 原則再細分一下,這時找到問題的根本之後,問題的本身其實就是答案了。

6. 對策

當前幾個問題都陸續解決之後,下一步的目標對策也就浮現出來了,例如,下一步的計畫是什麼、應該確定哪個方向、計畫改進或執行之後會出現什麼樣的美好藍圖與願景等。所以,慢慢的我們就會發現,透過績效評核之後,其實就可以看到每個員工下一步績效開展的願景是什麼,這樣終點就又變成起點了。

本節的最後還要講述一下績效評核表的評核特點。在績效評核中,績效評核表(見表 5-2)就是用來評核績效評核表是否適合,同時提升績效評核的效能的。所以,在填寫績效評核表之前,先用績效評核表進行判斷,是最合適的評核過程。

第五章　從獎懲到栽培：員工發展與績效提升的結合

表 5-2 績效評核表

序號	評估特徵	1	2	3	4	5
1	簡單性					
2	相關性					
3	描述性					
4	適應性					
5	清晰性					
6	溝通性					
7	導向性					

本節作業

掌握「績效評核表」的六個問題，繪製公司績效評核流程圖，掌握績效評核。

第三節 評核體系：構建全面有效的績效評估結構

績效評核體系是涉及個人、團隊及績效委員會的整個體系，這部分內容是一些流程和標準規則，可能相對來說比較枯燥，但對於整個績效管理過程而言又是必不可少的重要部分，下面就一起來看看績效評核體系的流程到底是怎麼操作的。

績效評核體系內容

首先，企業績效評核體系（Performance-Appraising System of Enterprise），是指由一系列與績效評核相關的制度、指標、方法、標準及機構等形成的有機體。企業績效評核體系由績效評核制度體系、績效評核組織體系和績效評核指標體系三個子體系組成。企業績效評核體系的科學性、實用性和可操作性是實現對企業績效客觀、公正評價的前提。

企業績效評核體系的設計遵循了「內容全面、方法科學、制度規範、客觀公正、操作簡便、適應性廣」的基本原則。評價體系本身還需要隨著經濟環境的不斷變化而不斷發

第五章　從獎懲到栽培：員工發展與績效提升的結合

展。企業績效評核的內容依企業的經營類型而定，不同經營類型的企業，其績效評核的內容也有所不同。工商企業與金融企業就有不同的評核內容；在工商企業中，競爭性企業和非競爭性企業的評核重點也存在差別。

在了解績效評核體系的意義後，其操作流程包含三方面：(1)員工自評；(2)直屬主管評核；(3)上級主管評核。其中，直屬主管的評核是站在評分者的角度進行評核，而上級主管的評核是整個評核流程之後的結果。下面我們將講解這些流程到底具體是如何做的。

1. 員工自評的一般流程

員工自評的一般流程是以承諾的績效目標標準作為準則。

回顧第一部分夢想連結夢想的內容，講到過六步驟的承諾部分，其中第三步驟講述的承諾是先共議願景，共議願景後，進行 SWOT 分析，完成 SWOT 分析後，將要進行的就是承諾過程。其中，承諾是企業主管做完七步驟的行動計畫和八步驟的指標分解之後，萃取出來的績效承諾書，而今天所說的員工自評，就是對承諾書中關於個人成長目標、員工管理目標、業務目標承諾結果的一個評核。

同時，員工自評需要去策劃和制定自評計畫書，包含部門、過程、界定涉及部門、人員等內容，企業主管需要整體界定清楚上述內容，再讓員工自評。

第三節　評核體系：構建全面有效的績效評估結構

其次,實施員工自評,應當是逐條、定性或定量的。也就是說,承諾書中的內容既是定性的,也是定量的。因此,在自評時,我們應當依據承諾書中的表單,屬於業務目標的,按照業務目標評核;屬於個人成長的,按照個人成長目標評核;屬於人員管理的,按人員管理目標評核。自評之後,需要將在評價核過程中的發現,包括實施的情況、產生的結果、不足、創意、差異、下一步計畫等作為下一輪績效的起點。而企業要做的計畫內容需要融入改進計畫和創新計畫中。如果員工自評結果很好,就可以萃取出來個人成長的模板和個人成就,進行分享、推廣複製。

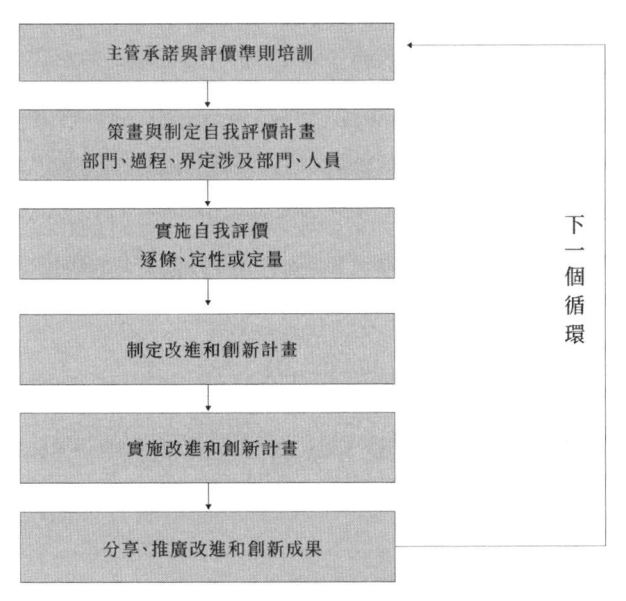

圖 5-6 員工自評的一般流程圖

第五章 從獎懲到栽培：員工發展與績效提升的結合

2. 評核標準

企業層面的評核標準是從企業角度去評核，即主管會等對整個績效過程的評核標準進行測試。評核有如下兩方面的內容，第一方面是測量與分析；第二方面是數據和資訊的管理。

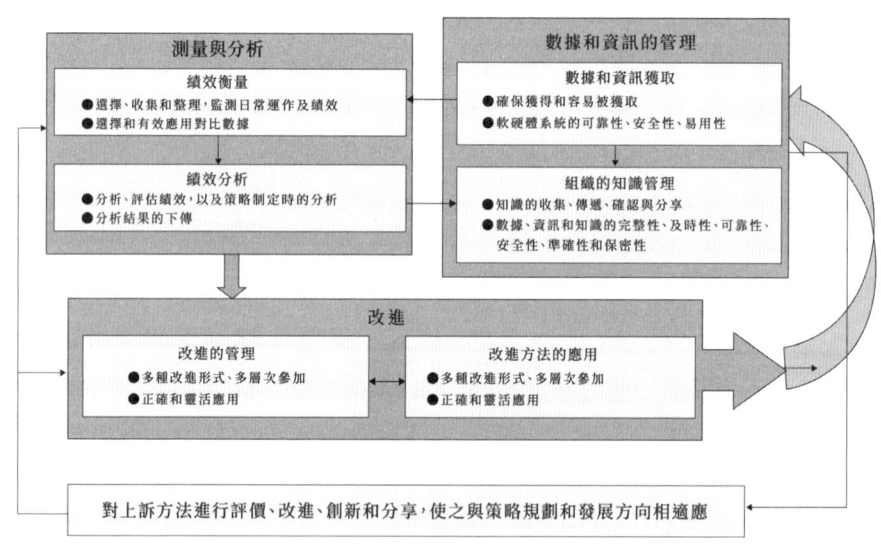

```
┌─────────────────────────────┐     ┌─────────────────────────────┐
│          測量與分析          │     │        數據和資訊的管理       │
│  ┌───────────────────────┐  │     │  ┌───────────────────────┐  │
│  │        績效衡量         │  │←────│  │      數據和資訊獲取      │  │
│  │ ●選擇、收集和整理，監測  │  │     │  │ ●確保獲得和容易被獲取   │  │
│  │  日常運作及績效         │  │     │  │ ●軟硬體系統的可靠性、    │  │
│  │ ●選擇和有效應用對比數據  │  │     │  │  安全性、易用性         │  │
│  └───────────────────────┘  │     │  └───────────────────────┘  │
│  ┌───────────────────────┐  │     │  ┌───────────────────────┐  │
│  │        績效分析         │  │     │  │      組織的知識管理      │  │
│  │ ●分析、評估績效，以及   │  │     │  │ ●知識的收集、傳遞、確認  │  │
│  │  策略制定時的分析       │  │     │  │  與分享                │  │
│  │ ●分析結果的下傳         │  │     │  │ ●數據、資訊和知識的完整  │  │
│  │                       │  │     │  │  性、及時性、可靠性、    │  │
│  │                       │  │     │  │  安全性、準確性和保密性   │  │
│  └───────────────────────┘  │     │  └───────────────────────┘  │
└─────────────────────────────┘     └─────────────────────────────┘
           ↓                                        
┌─────────────────────────────────────────────────────────────────┐
│                              改進                                │
│  ┌───────────────────────┐          ┌───────────────────────┐   │
│  │       改進的管理        │          │      改進方法的應用      │   │
│  │ ●多種改進形式、多層次參加 │ ←──────→ │ ●多種改進形式、多層次參加 │   │
│  │ ●正確和靈活應用         │          │ ●正確和靈活應用         │   │
│  └───────────────────────┘          └───────────────────────┘   │
└─────────────────────────────────────────────────────────────────┘
┌─────────────────────────────────────────────────────────────────┐
│  對上訴方法進行評價、改進、創新和分享，使之與策略規劃和發展方向相適應    │
└─────────────────────────────────────────────────────────────────┘
```

圖 5-7 評核標準流程

(1)測量與分析

測量與分析是我們需要透過績效測量的一個整體過程（評分過程、目標設定過程、行動計畫制定過程、指標分解過程、承諾書簽訂過程、績效推行過程），來選擇、收集、整理

第三節　評核體系：構建全面有效的績效評估結構

和監測日常運作中績效的相應數據。如果是系統化動作的情況下，就只需要從系統中採集數據就可以看到總流程，剩下的就是選擇有效應用對比這些數據。

在對比之後，就需要進行績效分析，分析運作過程中的差異在什麼地方，與評核績效及制定策略時的狀態是否有區別，跟當時制定目標的背景下的需求是否一致等。而對於分析得出的結果，需要將它向下一層去傳達，藉此查詢出問題環節。

(2)數據和資訊的管理

通常在整個績效體系運作之後，會產生大量的數據，這個數據需要確保易於獲得，其次就是需要一個兼具可靠性與穩定性，又易用的軟硬體系統。我們可以整理數據，原始的數據經過整理，我們就會發現很多規律，同時也會總結很多模組和經驗性的東西。這些數據和資訊被收集、整理、確認、分享之後就可以形成下一階段工作中的指南。

數據和資訊如果能被完整、及時的保留下來，並進行橫向和縱向的交叉分析，我們就可以得到一個可靠、準確、具有保密性、個性化的績效體系數據運作模型。因此數據和資訊管理，需要強大的電腦系統功能。例如，現在很多企業都將績效管理納入了資訊系統管理，由於無紙化辦公，很多數據都可以從資料庫中調取出來，數據運作之後，會留下的數

第五章　從獎懲到栽培：員工發展與績效提升的結合

據軌跡,透過分析整合之後,就可以看出差異。

在了解績效評核體系的內容和流程後,本節還向大家介紹「員工風格評核表」及評價者動機分析。

表 5-3 員工風格評核表

序號	A	B	C	D
1	有條理	莽撞	有魅力	老練
2	傾聽	傾訴	禮貌	傾聽
3	勤奮	獨立	平易近人	合作
4	嚴肅	果斷	健談	沉思
5	認真	堅決	熱情	仔細
6	中肯	冒險	親切	溫和
7	實用主義	有野心	有同情心	優柔寡斷
8	自控力	強勢	情緒外露	一絲不苟
9	目標導向	自負	友好	耐心
10	有條理	果斷	真誠	謹慎
11	公事公辦	明確	善交際	精確
12	勤勉	堅定	開朗	挑剔
13	有秩序	堅持己見	幽默感	思考
14	正式	自信	善於表達	猶豫
15	堅持	有說服力	令人信任	拘謹

「四象限風格測評表」是赫爾曼・阿吉斯（Herman Aguinis）在《績效管理》（*Performanle Management*）這本書中提出的表。身為企業主管,我們可以從表 5-3 中找出每一個題目

第三節　評核體系：構建全面有效的績效評估結構

中最符合自己的風格特點,然後進行歸類整理,再根據圖 5-8 來評核自己屬於那種風格。

不同的管理風格,不同的評核方式,不同的評核結果,此即「評核者效應」。「評核者效應」是指在標準評核體系下,評核者評核的內容會相當程度受到自己的認知傾向決定,即主觀認知決定。我們要善於利用風格帶來的優點,提高績效評核的效能,盡量避免弊端,公平公正且多元化的進行企業員工的績效評核工作。

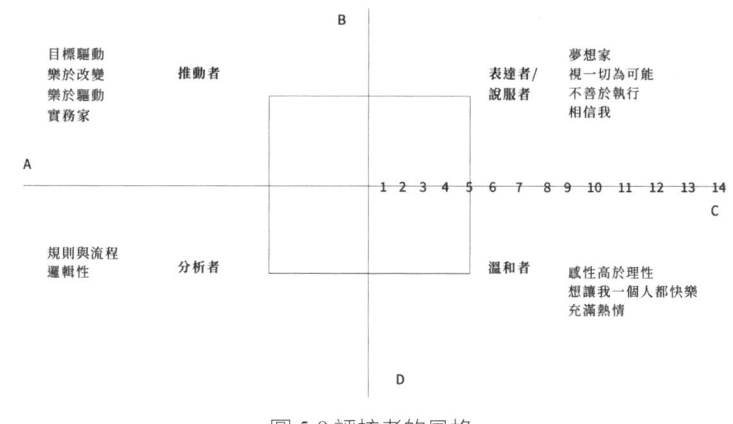

圖 5-8 評核者的風格

本節作業

繪製定公司績效評核流程圖。

第五章　從獎懲到栽培：員工發展與績效提升的結合

第四節　解決難題：典型問題員工的管理與應對策略

在績效管理過程中，企業會遇到種種阻礙，每一階段和步驟都有可能在團體中引發爭執和討論。面對這些困難，企業主管需要的是面對的勇氣和可行的辦法。

在這一節中，我將首先介紹的方法是PBC（Personal Business Commitment）績效回饋的爭議調解，然後還會跟大家進一步討論與分析在績效管理過程中可能會遇到的四類典型問題員工，以及該如何跟這些問題員工進行績效面談、如何跟他們溝通並解決衝突。

PBC 績效回饋

首先講述一個案例。作為南美洲較早獨立的三個鄰國：玻利維亞、秘魯和智利，原本相安無事，但在1940年代，他們的人民曾共同反抗西班牙殖民統治，分別走上獨立。但後來，因領土與資源問題，三國的矛盾日益尖銳起來，地處三國交界的阿他加馬沙漠地區更成為爭奪焦點。那裡的氣候極度乾旱，屬於不毛之地，三國獨立之初都沒有重視那裡。

第四節　解決難題:典型問題員工的管理與應對策略

然而到 19 世紀中葉,人們在那裡發現了鳥糞、銀礦和硝石,這些資源帶來財富,於是三國政府對這區域開始有了各自的打算。

經過多次談判,1874 年,阿他加馬的硝石礦區內,秘魯控制了塔克納、阿里卡和塔拉帕卡區域,玻利維亞占有安托法加斯塔地區,智利則控制南緯 24°線以南剩餘的一小片硝石礦區。由於智利控制的面積最小,所以一直企圖擴大占領範圍,而秘魯則與玻利維亞在共同威脅下走向合作。1873 年 2 月,秘魯與玻利維亞簽訂密約,建立軍事互助同盟。

1877 年 5 月,一場暴風雨襲擊了玻利維亞控制下的安托法加斯塔港口。為了恢復災後經濟,玻利維亞地方當局決定增加稅收,然而,該城市的主要財富卻是由智利與英國合資的安托法加斯塔硝石和鐵路公司控制,因此該決議遭到智利的抗議。1879 年 2 月初,玻利維亞總統強行沒收了相關硝石企業的財產,在英國的唆使下,智利想趁機占領整個阿他加馬地區。2 月 14 日,智利總統下令出兵占領安托法加斯塔港,趕走了玻利維亞警衛隊。3 月 14 日,玻利維亞向智利宣戰,秘魯也於 4 月參戰。

由於這場戰爭是為了爭奪硝石和鳥糞,因此被稱「硝石戰爭」或「鳥糞戰爭」。

雖然這是國與國之間的問題,但同樣可類比於企業的組

第五章　從獎懲到栽培：員工發展與績效提升的結合

織內部，員工與員工間出現爭議的情況，當這種情況出現時，企業主管一定要考慮的是最終解決問題的辦法。

企業可以開展個人業務承諾（Personal Business Commitment），即 PBC 個人績效承諾，來解決團隊內部成員間的矛盾或爭議問題。PBC 是 IBM（International Business Machines Corporation）績效管理的重要表現形式，其內容也是 IBM 倡導的。

PBC 的內涵一方面指的是結果、執行、團隊，這三部分存在一定的嚴密邏輯關係；另一方面，它本身就展現了公司價值觀和企業文化，如強調團隊合作，而且它還強調承諾和共同參與的重要性，這展現了績效管理的核心概念。

結果目標承諾是員工承諾的本人在考核期內所要達成的績效結果目標，以支持部門或專案總目標的實現。對於結果目標，一般應有衡量指標，說明做到什麼程度或何時做完。這是衡量員工績效是否達成的主要依據。

執行承諾是為達成績效目標，員工與考核者對完成目標的方法達成共識，並將其作為考核的重要部分，以確保結果目標的最終達成。而對於執行目標，由於它是一種過程性的描述，不一定都有明確的衡量指標。所以，在進行績效評核時，主要是看員工是否按照規範的要求去做。

制定執行承諾的主要目的在於讓上下級就結果目標達成

的關鍵進行認真分析,盡量考慮到一些風險和外部障礙,使得上下級雙方做到心中有數。因此,執行承諾主要針對較重要的結果目標。

團隊合作承諾是為保證團隊整體績效的達成,要更加高效的推行關鍵措施和結果目標,員工須就交流、參與、理解和相互支持。團隊目標,主要是一種導向和牽引,強調對周邊、流程、上下游及上級的支持與配合。對於較難明確衡量的指標,可以不寫。

在進行 PBC 績效推行的過程中,還要做的就是及時回饋。只有不斷回饋,企業才能更好的掌握問題的發展,以及員工相互間關係的發展情況。在回饋階段,主管要特別注意並全面考慮的是需要為結果回饋做哪些準備工作、如何與員工溝通績效的表現、如何與員工解釋背後原因、怎麼對下一階段的工作提出展望等。在安排並準備好全部的回饋工作後,就可以開展正式回饋工作,並以此來幫助企業發展得更好。

四類典型問題員工及其處理技巧

在進行績效面談的過程中,面談者要秉持認真負責的原則,但往往難免也會出現因為權益、利益和立場的不同,而帶來的一些溝通不順暢,甚至是衝突極端化的情況。所以這

第五章 從獎懲到栽培：員工發展與績效提升的結合

一節要討論的就是在面對這些問題的時候該怎麼去處理。

第一種典型的問題員工是強調因果型。這類員工邏輯關係很強，那麼在面談過程中，員工會和面談者講述很多道理，使得面談者很難說服他們。

第二種典型的問題員工是擅長狡辯型。這類員工不會和面談者講道理，而是不斷狡辯，提出各種藉口推卸責任。

第三種典型的問題員工是灰心喪氣型。他們總表現得對自己很沒有信心，而在這樣的表現情況下進行面談時，無論面談者在談話中講述了什麼，這類員工都會保持相同的狀態，也總是很難成長起來。

第四種典型的問題員工就是情緒失控型。在面談的過程中，面談者總會擔心講述了什麼內容後，這類員工是否會出現意外的狀況。

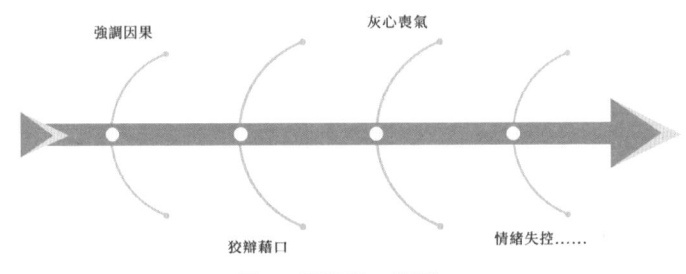

圖 5-9 問題員工類型

這四種類型的員工都是令企業很糾結的，他們剛好也代表著四種性格：強調因果的員工一般邏輯思維能力都特別強；

第四節　解決難題：典型問題員工的管理與應對策略

狡辯藉口的員工一般都比較靈活；灰心喪氣的員工一般都比較內向；情緒失控的員工一般則都比較強勢。

其實在面談進行的過程中，面談者除了對灰心喪氣的員工沒有壓力以外，面對其他三個類型的員工，面談者無論是情感上還是邏輯上，所要承受的壓力都是大的。

那麼，如果想激勵這些員工，應該如何去做？首先，主管需要考慮的是在進行面談時可能出現的最壞結果是什麼，衝突的又是什麼情節，並藉機正視矛盾，解決衝突。

企業和員工往往由於立場、權益、情感等差異而會引發不和諧的狀態，所以在面談的過程中就會出現很多問題。

那麼，員工們站在和企業對立的立場上，又是什麼原因造成的呢？

先給大家講述一個例子吧。有一部電影，是1990年代美國拍的《光榮戰役》(Glory)。其中有這樣的一個情節：一名白人上校帶著很多黑人士兵在打完一場勝仗後，給他們發放津貼。在這個過程中，因為津貼的發放對象是黑人士兵，所以他們的待遇就從13美元降到了10美元。當上校把這個消息告訴所有人的時候，每一名士兵都異常生氣。

其實這個過程，就相當於企業在績效考核結束後，給工作努力的、成果優秀的員工發獎金。

這些士兵們都表達了自己的不滿情緒，此時，這名白人

第五章　從獎懲到栽培：員工發展與績效提升的結合

上校是怎麼解決的呢？上校當著所有士兵的面，把自己的薪資單撕碎了，撕完之後還告訴所有士兵：「我跟大家是一體的，我是你們的長官，你們沒有的待遇，我也不要。」這樣的行為使得黑人和白人間的種族矛盾問題，瞬間變成了薪資待遇問題，同時上校還將自己與黑人士兵們的關係拉得更近。

緊接著，這位上校就開始發軍裝，並鼓舞這些士兵：「你們不是想成為一個真正的士兵嗎？現在有軍裝在身，我們已經成為一個真正士兵了！」在這樣巨大的榮耀面前，黑人士兵們已經忽略了3美元差異。所以在很多情況下，解決問題是要有一些技巧的，當然上面所講述的例子中是一個特定的環境，帶來的結果當然也是很理想的。

那麼一般情況下，在面談中發生衝突時，企業主管在哪些環節可以提前發現問題？一個高明的主管在衝突發生到達第三級、第四級時就會發現。當員工在面談過程中出現質疑、懷疑、相互爭辯時，就應該有所察覺了。如果此時還意識不到發生了什麼，等其漸漸發展為利害威脅、人身攻擊、暴力侵害、消滅對方時就遲了，所以在面談中要儘早發現問題，就能儘早解決。

第四節　解決難題：典型問題員工的管理與應對策略

衝突的8個等級

8級	消滅對方
7級	暴力侵害
6級	人身攻擊
5級	利害威脅
4級	相互爭辯
3級	質疑懷疑
2級	語行暗示
1級	立場不同

圖 5-10 衝突的等級

那麼在衝突解決過程中到底有哪些辦法？有六項措施可以幫助我們。這六項措施包括：威脅與強制、合作與交易、第三方介入、折衷與妥協、擱置與迴避、遷就與忍讓。

有個例子可以幫助大家更容易理解和學會使用這些措施。在家庭中，當丈夫和妻子吵架了，他們該如何緩和衝突呢？很多男士選的是以下三招：遷就與忍讓，等妻子氣消了，兩人就可以重修舊好、擱置與迴避，丈夫與妻子兩人相互不理睬，避而不談，讓時間消磨過去、折衷與妥協，擺事實、講道理，雙方都有錯，丈夫可以多道歉，這樣夫妻依然能重修舊好。

第五章 從獎懲到栽培：員工發展與績效提升的結合

當然還有的人可能會選擇第三方介入，即找一個其他的家庭成員或朋友在中間幫助調停，甚至還有人會選擇合作與交易，畢竟這個方法簡單且包治百病。而要想更好的處理面談中出現的衝突問題，不能只靠著單一方法進行，而是必須「打組合拳」。

表 5-4 解決衝突的六種方法

方法	使用條件
合作與交易	利益交錯/更高利益
威懾與強制	我強彼弱/對方困境
第三方介入	雙方無解/有力且有利的第三方
折衷與妥協	勢均力敵/互有難處
擱置與迴避	別無他法/三方博弈/時間有利
遷就與忍讓	彼強我弱/我處困境/對方非理性

所以在處理衝突的過程中，我們一定要記住這個需要兩手抓、三手抓，甚至打組合拳的過程。一定要分清楚衝突到底是因為權益、利益還是立場，然後就可以找尋相互的關係，之後再將幾種方法組合起來去處理，這樣問題解決的效果更佳。

那麼，這四種員工為什麼會發生衝突呢？之前有說到這四種員工之所以是問題員工，也有一部分是他們自身的性格造成的。下面，我給大家一個工具，可用以對員工的性格做一個測試。這個工具就是 DISC（Dominance-Influence-

第四節　解決難題：典型問題員工的管理與應對策略

Steadines-Compliance）性格測驗，測驗會把人分為四類個性傾向（如圖 5-11 所示）。

第一類是外向理性的支配者「D，Dominance」，他們果敢積極、大氣、直截了當、簡單、直接、粗暴。在進行面談時，他們一般會較為情緒化，衝勁很足，認準的事情絕對不回頭。

第二類是外向感性的影響者「I，Influence」，他們是互動型的人才，每天都很瀟灑自如，開心得一塌糊塗，如果企業指望他們做出點成果來，難度有些大。這類型的員工一般擅長做的都是員工關係工作或福委工作。

第三類是內向感性的穩健者「S，Steadines」，他們通常都比較默默無聞，在和這類員工面談時，面談者無論怎麼說話，他們都不怎麼吭聲。這類人大部分工作業績一般情況下是比較平穩的，都是在踏踏實實做事情，以致於企業指望他們犯個錯都有點難，當然盼望他們創新，也就跟犯錯一樣很困難。所以這類人往往都成為踏實、忠厚老實的員工。

第四類是內向理性的分析者「C，Compliance」，這種個性的人往往都是邏輯性很強的，他們善於表達自己的觀點，聰明且追求完美細緻。至於完美到什麼程度，或許晚上睡覺姿勢不對，他們都會想起來重睡的。

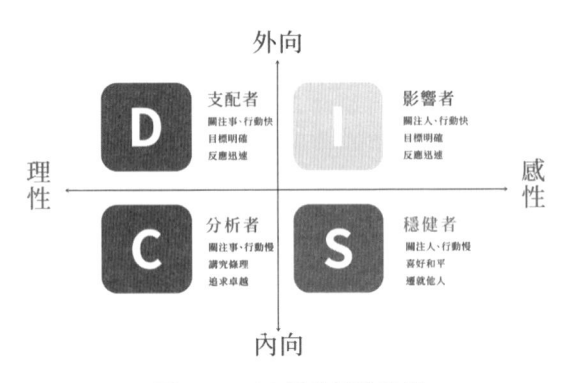

第五章　從獎懲到栽培：員工發展與績效提升的結合

圖 5-11 DISC 個性測驗結果

　　企業中的員工性格按照 DISC 性格測驗，就可以劃分為這四種類型。面對不同類型的員工，企業進行面談的方法和內容是不一樣的。所以，我們需要掌握這個工具，對員工做一次 DISC 性格測驗，以便初步了解他們的性格。

　　如果員工是支配者，那就不要在面談中太過強勢，因為這類員工是寧折不屈的。只要他們合法、合規、合情、合理，我們就可以給他們「一畝三分地」，讓他們在自己的領域裡說了算。

　　如果員工是影響者，那就不要讓他們負責具體的工作或產品了，雖然對待他們有時也需要適當的敲打，但同時也別指望他們能把工作完成得十分細緻或完美。他們往往是一個團隊的公關，所以他們也能做好一些相應的工作。

　　如果員工是穩健者，那麼對他們來說，嚴格的要求和標準化的面談內容是不意外的，對他們而言，多一些欣賞、激

第四節　解決難題：典型問題員工的管理與應對策略

勵的內容可能在面談時的效果會更好，因為他們很在乎別人的看法。

如果員工是分析者，企業需要做到比他們還完美，只有比他們還細緻時，再和這類員工進行面談，他們才會信服。

所以面對不同性格的人，企業在面談的過程中所用的思維是不一樣的，用一次針對性的測驗，了解清楚員工的性格，也同時可以了解清楚自己的性格。

這樣在和員工進行面談的過程中，就可以提前避免一些情況，例如 D 型和 D 型談話一定是會談壞的；C 型和 C 型談話，一定會更挑剔的；S 型跟 S 型談話，會互相會寬容；I 型和 I 型談話可能談著談著就一起出去吃飯了。所以做一次雙方測驗，就知道大概誰和誰進行面談，可能會達到想要的預期效果，了解人的性格對衝突管理還是有一定幫助的。

本節作業

進行一次針對性的性格測驗（DISC）

DISC個人行為模式測試題		
	DISC行為方式測驗（性格測驗）由美國心理學家馬斯頓（「測謊機」的發明者）博士創立，在下面的測驗題中選出唯一的答案（在選項後面打√），並且計算每個答案的數量。	
一、當您和朋友一起用餐時，在選擇餐廳或是吃什麼時，您通常是：	1.決定者：意見不同時，通常都是決定者。	
~	2.氣氛製造者:吃什麼,都很能帶動情緒氣氛。	
~	3.附和者：隨便、沒意見。	
~	4.意見提供者：常去否定別人的提議，自己卻又沒建議，不做決定。	

第五章　從獎懲到栽培：員工發展與績效提升的結合

二、當您買衣服時，您是：	1.不易受店員的影響，心中自有定見。	
	2.店員的親切友善態度，常常會促進您的購買。	
	3.只找熟悉的店家購買。	
	4.品質與價格是否成正比？價格是否合適？	
三、您的消費習慣是：	1.找要買的東西，付錢走人。	
	2.很隨意地逛，不特定買什麼。	
	3.有一定的消費習慣，時間固定不太喜歡變化。	
	4.較注意東西好不好，較有成本觀念。	
四、您的朋友用一句話來形容您，他們會說：	1.沉默寡言。	
	2.熱情洋溢。	
	3.溫和斯文。	
	4.追求完美。	
五、您自認為哪種形容最能表現您的特色：	1.果敢的,能接受挑戰。	
	2.生動活潑,不拘泥。	
	3.愛傾聽,喜歡穩定。	
	4.處事謹慎小心,重數據分析。	
六、您覺得做事的重點應該是：	1.做什麼,重結果。	
	2.誰來做,重感受(過程)。	
	3.如何做,重執行。	
	4.為何做,重品質。	
七、與同事有意見衝突(或不同)時，您是：	1.說服對方,堅持自己意見。	
	2.找其他同事或上司,尋找支持。	
	3.退讓,以和為貴。	
	4.與衝突者協調,找出最好的意見。	
八、什麼樣的工作環境最能鼓舞您：	1.能讓您決定事情,具領導地位的。	
	2.同事相處愉快,處處受歡迎。	
	3.穩定中求發展。	
	4.講品質,重效率的工作。	

第四節　解決難題：典型問題員工的管理與應對策略

九、以下的溝通方式，哪一項最符合您？	1.直截了當，較權威式的。	
	2.表情豐富，肢體語言較多。	
	3.先聽聽別人意見，而後婉轉地表達自己的意見。	
	4.不露感情的，理多於情，愛分析，較冷靜。	
十、在每一次會議中或公司決議提案時，您所扮演的角色是什麼？	1.據理力爭。	
	2.協調者。	
	3.贊同多數。	
	4.分析所有提案以供參考。	
十一、請在右側選項中選擇最符合自己的一項：	1.我做事一向具體，能在短期達到目標，決定快速，立即得到結果。	
	2.在本性上我喜歡跟各式各樣的人交往，甚至陌生人也可以。	
	3.我不喜歡強出頭，寧可當後補。	
	4.我是一個自我約束能力強，守紀律的人，凡事依照目標行事。	
十二、請在右側選項中選出最符合自己的一項：	1.我喜歡有變化、激烈、有競爭的工作，是個能接受挑戰的人。	
	2.我喜歡社交，也喜歡款待人。	
	3.我喜歡成為小組的一分子，固守一般性的程序。	
	4.我會花很多時間去研究事和人。	
十三、請在右側選項中選出最符合自己的一項：	1.我喜歡按自己的方式做事，不在乎別人對我的觀感，只要成功。	
	2.有人跟我意見不一致時，我會很難過（困擾）。	
	3.我知道做些改變是有必要的，但即使如此，我還是覺得少去冒險好。	
	4.我對自己以及他人的期望很高，這些都是為了符合我的高標準。	
十四、請在右側選項中選出最符合自己的一項：	1.我擅長處理棘手的問題。	
	2.我是個很熱心的人，喜歡與他人一起工作。	
	3.我喜歡聽，但不喜歡說話，即使開口講話都會說得很委婉溫和。	
	4.處理事情較理智，不把感情牽扯進來，也較少與人閒聊。	
十五、請在右側選項中選出最符合自己的一項：	1.我喜歡有競爭，有競爭才能把潛能完全發揮出來。	
	2.我較感性，與人相處不注重細節。	
	3.我是個天生的組員，順著主流。	
	4.對事我喜歡去研究，尋求證據。	

第五章　從獎懲到栽培：員工發展與績效提升的結合

十六、請在右側選項中選出最符合自己的一項：	1.我喜歡能力與權威,這是我想要的。	
	2.我有時候很情緒化,一生氣會氣過頭,置身於有趣事物中,往往無法掌握時間。	
	3.我喜歡按部就班,穩紮穩打,喜歡慢慢地做事而不喜歡破釜沉舟。	
	4.我很注重事物與人的細節。	
十七、請在右側選項中選出最符合自己的一項：	1.我喜歡去掌控及支配他人。	
	2.在團隊中我喜歡打成一片,活潑有氣氛,彼此有感情地相處。	
	3.我較遵守傳統的思想,不喜歡有大的變化。	
	4.在沒有掌握事實的真相之前,我寧可保持現狀。	
十八、請在右側選項中選出最符合自己的一項：	1.我在與人溝通時,直截了當地說,不喜歡兜圈子。	
	2.我喜歡抱住他人,相親相愛。	
	3.我不喜歡多變化的環境,喜歡穩定安全的生活方式。	
	4.凡事我要求的是準確無誤,需要的是高品質、高標準的處事原則。	
十九、請在右側選項中選出最符合自己的一項：	1.我不喜歡別人逗我開心,不喜歡太多話的人。	
	2.我喜歡參加團體活動,因為與多數人一起娛樂會很好帶動氛圍。	
	3.對事情我沒有太多要求與建議,喜歡默默地去做。	
	4.我做事要有一套經過計劃和設計的標準工作程序,以用來引導工作方向。	
二十、請在右側選項中選出最符合自己的一項：	1.我討厭別人告訴我事情應該如何做,因為我自有想法,不喜歡被別人支配。	
	2.我是個生氣勃勃,外向的人,別人喜歡與我共事,讓彼此激起工作熱情。	
	3.我喜歡獨處,與他人生活在一起時會注意到要盡量不去打擾他人的居家生活。	
	4.我很少參與到別人的閒聊中,當話題有趣時,我會找更多的話題,小心進行交談。	
所有選1的題目個數相加,填在D;所有選2的題目個數相加,填在I;所有選3的題目個數相加,填在S;所有選4的題目個數相加,填在C,相加總分應為20分。哪一類得分最高,就是哪個類型。		
計分：D:　　I:　　S:　　C:		

234

第六章
復盤最佳化：
績效管理的持續進化

第六章　復盤最佳化：績效管理的持續進化

第一節　復盤提效：透過回顧與反思改進團隊績效

在這個階段,企業將進行的工作就是把績效管理的終點變為起點。

經過之前一系列的學習,績效的內容整體而言有些複雜,難度相對較大。雖然本書也有很多關於輔助工具的介紹和講解,但書上得來終覺淺,覺知此事要躬行。那麼,在復盤驗收的部分,作為終章,我將依舊延續之前的內容風格,講解與工具使用方式並進。

首先分享一個「禁酒令中的黑幫崛起」的案例故事。1920年1月2日,禁止釀造和發售酒類的《沃爾斯泰德法》(Volstead Act)在美國生效。長期以來,輿論界強烈主張禁酒,至第二次世界大戰開始時,美國已有2/3的州是有禁止的相關文書說明,但仍舊需要有一個全國性的法令來完成禁酒的最終使命,於是美國國會立法頒布了禁酒令。酗酒造成了很多家庭暴力問題,所以禁酒令也是為了保護婦女權益。另外,酒在宗教上和罪有關,也是宗教組織所反對的。但是禁酒令反而造成私酒氾濫,很多人透過販賣私酒中飽私囊。

第一節　復盤提效：透過回顧與反思改進團隊績效

　　後來美國頒布禁止酒精飲料的釀製、轉運和銷售的憲法修正案。工業資本家認為工人飲酒影，會響勞動紀律和生產效率，於是在他們施加壓力的情況下，國會於1919年頒布了憲法第十八條修正案：「自本條批准一年以後，凡在合眾國及其管轄土地境內，酒類飲料的製造、售賣或轉運，均應禁止。其輸出或輸入於合眾國及其管轄的領地，亦應禁止。」這一修正案也得到美國基督教新教徒的支持，因為他們有一種禁慾苦行，節儉自制的思想傾向，禁酒令符合他們的要求。

　　但修正案的實施，又引起了非法釀造、出賣和走私酒類飲料的新犯罪行為，且屢禁不止。而聯邦及各州政府又需要以酒稅補充其財政收入，1933年，國會頒布的憲法第二十一條修正案廢止了禁酒令。

　　現在，回顧這段因酒而引起的法令頒布與廢止的過程，我們能夠明白，任何反人性的制度都必將帶來反抗，同時也催生另外一種畸形的產物出現。有時我們希望企業未來進行人性化管理，但很多時候其實在做的卻是任性化管理。

復盤的價值與意義

　　「復盤」是一個圍棋術語，指對局完畢後，復演該盤棋的紀錄，以檢查對局中招法的優劣與得失關鍵，一般用以自學

第六章　復盤最佳化：績效管理的持續進化

或請高手給予指導分析。

很多圍棋高手最大的特點就是會經常進行復盤。在每次博弈結束以後，雙方棋手會把剛才的對局再重複一遍，這樣可以有效得加深對這盤對弈的印象，也可以找出雙方攻守的漏洞，是提高自己能力的好方法。輸棋的一方可以鑽研學習，看錯在哪裡，在自己失敗的地方跌倒爬起來；贏棋的一方也可以思索為什麼贏了，看看對手輸在哪裡，也從這些地方吸取經驗。

我們都知道，曾經 AlphaGo 機器人與韓國的圍棋高手進行過很多次的對弈，在其中一次的對弈過程中，機器人連贏四局，直到最後一局，韓國的棋手才終於贏了一回。而扳回局面的原因，就是韓國棋手不斷地進行復盤，不斷鑽研下過的棋局、思考招式，最終獲得了一次勝利。

目前，使用復盤方式的企業也特別多。復盤的工作不僅僅是企業單向進行，並自我反省和改進的，團隊中的每一位成員，乃至企業的客戶，其實都是需要進行復盤工作的。復盤工作進行之後帶給企業的回饋效果是很好的，甚至在進行了幾個循環之後，企業一定會有所改善。那麼復盤對企業而言，究竟有什麼價值呢？

1. 復盤可以幫助企業認清問題的根本

復盤能幫助企業對當前面對的問題進行一個全面的梳理，找出問題的根源，認清問題背後的問題，發掘解決辦

法，發現和產生新的想法與思路，然後萃取出可複製的成功經驗，指導下一步的企業行為，進而幫助企業避免再犯同樣的錯誤，最終把失敗的教訓轉化為財富，把成功的經驗轉化為能力。

2. 復盤可以促成企業策略

一個成功的復盤，能指導員工的行為，提高員工的內驅力和執行力，形成高品質的分析成果及行動計畫。無論在策略層面還是執行層面，復盤都能引導員工的反思。所以說，復盤可以使企業策略得到很好的執行，並將執行轉化為績效，落實策略。

3. 復盤可以促進團隊的學習

透過復盤現場的分析、輸出，整個團隊能達成一致的高度，對於團隊目標會有更清晰的認識，同時有利於塑造團隊文化，加強團隊凝聚力。復盤就是團隊的一個集體學習過程，企業主管都希望自己的團隊能形成自己獨特的文化，因此必須學會使用復盤，使員工群體形成學習的習慣。

4. 復盤能提高個人能力

在企業做復盤的過程中，整個團隊不僅能夠沉澱文化，而且能使團隊成員對企業文化產生強烈的認同感和責任感，同時培養有關制定計畫、舉辦演講、管理及控制能力，這無

第六章　復盤最佳化：績效管理的持續進化

疑是對個人能力的提升。團隊是由每一個成員組成的，個人能力的提高，最終就會轉化為團隊的提升和強大。

復盤的意義也可以從四個角度考慮，透過圖 6-1 中就可以清楚看到第一個角度是目標。我們在進行復盤的過程中，首先需要討論的就是企業最初制定了什麼目標、由誰制定的以及是怎麼制定的。

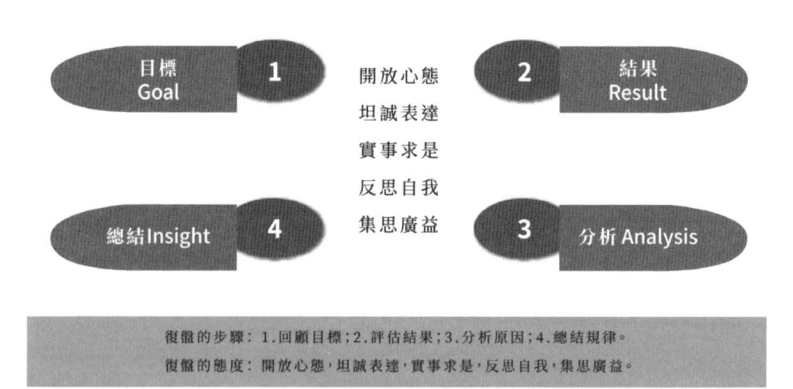

復盤的步驟：1.回顧目標；2.評估結果；3.分析原因；4.總結規律。
復盤的態度：開放心態，坦誠表達，實事求是，反思自我，集思廣益。

圖 6-1 復盤的意義

回顧一下整本書，我們在學習第一章的時候其實制定過一個績效目標，還同時考慮了目標之後的夢想和計畫的藍圖。所以我們在復盤的時候就需要思考，最初的目標是否實現了。這個目標可能是大家一起制定的，也可能是上級分配給員工一起分解的。

那麼，這個目標最終的結果是怎樣的呢？這是績效復盤需要討論的第二個角度，也就是企業或員工的績效完成情

第一節　復盤提效：透過回顧與反思改進團隊績效

況。我們需要把品質、數量、時間、方式等的指標評價出來，這樣就可以看出結果到底有沒有實現。

如果結果與目標之間有很大差異，或者結果優於目標，應該怎麼辦呢？

此時，就需要從績效復盤的第三個角度分析。復盤分析過程需要做的事就是分析目標結果為什麼沒有達成，這其中可以吸取的經驗教訓是什麼，以及有哪些可以保留的方法等。

在分析的過程，一定要注意需要分析主觀原因和客觀原因。主觀原因就是我們自身經歷了什麼、付出了何種努力或犯過什麼錯誤，才導致目前的結果；客觀原因就是指總體和個體的一些現象，例如2020年底進行企業的分析時，很多主管或員工會認為之所以沒完成目標，是因為新冠疫情使整個市場環境都受到了影響。

雖然疫情幾乎使得每家企業都受到影響，但在相同的行業中，為什麼有的企業盈利能力還是很強，為什麼有的員工能完成目標？哪怕是在相同的企業中，為什麼同事們都能完成，有些員工卻完成不了呢？這其實就暴露了很多問題。所以，在年底進行企業復盤分析的階段，如果員工有目標未完成，卻歸責於環境原因時，就得考慮一下其他其他人完成的效果如何。當主管開始思考這些問題的時候，其實很快就能分析到主觀原因了。所以，事實如此，企業或許應該更多地

第六章　復盤最佳化：績效管理的持續進化

從自身尋找原因,而不要總想著推脫責任。

有一家餐飲企業在疫情大環境的影響下被迫停業,在休息期間,老闆突然發現所有的隔離社區都出現了外送的大問題。於是他立刻主動請纓,把隔離社區的餐飲配送等服務全都簽了下來,結果沒過多久,隔離社區訂餐數量成長特別多,外送服務出現了供不應求的情況。這家公司其實就是在危險中抓到了機會,同時還做了一份貢獻。所以,很多時候,績效就在於我們能否找好時機,抓住主動權。總去尋找客觀原因,是不全面的,也不合適的。

復盤分析完後就進入第四個角度,即總結,也就是總覽整個復盤過程與企業績效管理成果的過程。我們從中能看到三個關鍵之處:一是經驗,企業復盤分析完後會學習到很多成功的經驗;二是教訓,企業和員工有遇到過什麼樣的困難,從中獲得的教訓又是什麼;三是下一步該怎麼做,怎麼繼續發揮企業或員工的經驗,才能更好地避免劣勢或彌補不足。

這就是整個復盤表格。另外,復盤過程中的心態保持也是很重要的一環,這個重點在於是否能開放心態,坦誠表達、實事求是、反思自我、集思廣益。其實,在團隊交流過程中,有時候很難做到坦誠表達,很多情況下,開放心態和坦誠表達的狀態在團隊中是難能可貴的。而這些復盤的態度,才是影響復盤效果的最根本原因。

復盤的形式

復盤有三種形式：自我復盤、團隊復盤和復盤他人。自我復盤可以隨時進行，這是個人獲得成長的方式。團隊復盤可以讓復盤主導人和成員一起成長。復盤他人則能夠利用他人的事件讓我們不花成本就獲得成長。

1. 自我復盤

自我復盤是自己一個人對事件進行復盤，但如果在自我復盤的過程中能夠藉助高人的指點，那麼就可以超越自己的層次，在一個更高的層面看待問題，自我復盤的結論也將更加可靠，也可能會復盤出更多的結論，也更有可能提升自己的能力，獲得意想不到的收益。

在復盤中有所收穫的時候，第一件要做的事情，就是立刻拿出紙筆，或者是在電腦上記下自己的心得，如果有可能，還應該詳細記錄下思考的過程以及得出的結論。這樣，即使過了一段時間再回頭看，還是可以追溯當時的邏輯，而情景記錄也有助於加深對復盤結論的印象。除了要記錄之外，還要注意對復盤得出的規律加以應用。不應用、不實踐，那得出的規律就僅僅是以一種知識的形態呈現，而沒有轉變成價值。

自我復盤中一個很大的問題是復盤者的自我欺騙，做不

第六章　復盤最佳化：績效管理的持續進化

到無情的復盤自己。復盤很多時候意味著對以前做法的否定，而在很多人看來，這也就是對自我的否定。如果以前特別成功的話，這種否定就更加困難。不是自信心特別強的人，或者是特別求實的人做到這一點，不但難而且很痛苦，誰願意承認自己是一個能力不行的人呢？即使說的只是過去的自己。

復盤不是必要流程，而是一種習慣。如果復盤成為習慣，「與復盤同呼吸共命運」，那麼，在任何時間、任何地點、任何事件，復盤都是一個學習提高自己能力的機會。

2. 團隊復盤

團隊復盤是一個有很多人參與並期望得出「真知」的會議，它是由多人一起共同對某件事情進行復盤的討論。稍有不慎，討論要嘛因為無人願意發言，變成主持人的自彈自唱，要嘛變成爭論，兩者都可能造成團隊復盤的一無所得。

所以團隊復盤，不能流於形式走過場，不能秋後算帳、推卸責任、尋找代罪羔羊的，而應該探尋真相、求知求真，是觀點和思路交鋒的大會，是驗證邏輯的大會。

3. 復盤他人

所謂「他山之石，可以攻錯」。復盤他人，從他人做的事情中獲得經驗和教訓，這是一種非常「划得來」的事情，因為

第一節　復盤提效：透過回顧與反思改進團隊績效

你所復盤的事情並沒有真正花成本去做，是別人用資源在你面前「演練」了一番。

復盤他人分為兩種類型，一種是純粹復他人的盤，看誰做哪件事情做得好，或者做得差。自己試著進行復盤，找出做得好或者差的原因，並找出做得關鍵和規律，以便自己做的時候能夠有一個好的結果。

另外一種是對比復盤。復盤他人之後，第一種可能出現的策略是跟風，這往往是弱小一方，例如小企業或者是創新能力不足的企業。第二種可能出現的策略是借鏡，這往往是自有品牌且資源充足的企業所做的，它們不屑跟風，但是能從競爭對手的行為中得到啟發，進而提煉出不同的概念。復盤他人之後，第三種可能出現的策略是主動出擊，這往往是有資源、有品牌、有能力的公司所採取的行為。

由此可見，企業復盤不僅僅是企業整體或是主管層面的，而是需要企業全員共同參與進行的。對於復盤所採用的方法和形式，也需要認真思考決定。

曾經有位人力資源管理專家接到某企業主管的幫助請求，主管認為自己的企業在跨部門人員溝通時有難度。而實際跨部門溝通的難度不在技術，重點在於員工的選擇。員工間是否想溝通、是否敢坦誠溝通，這是員工在績效認知上的問題，而不是他們會不會進行溝通的問題。

第六章　復盤最佳化：績效管理的持續進化

複查表的介紹及使用

為了更好的進行績效復盤的工作，我將為大家介紹一種方便實用的工具表單。但是在開始講述工具表單之前，我還需要給大家一個提醒，那就是復盤帶來的思考：一切皆有可能。一個企業中的員工有能力，企業也可以為其提供平臺，那麼員工願不願意做事就在於復盤能不能觸動他的內心。

如果復盤過程能給員工帶來內心的觸動，那麼員工或許就會願意自我改變。企業有平臺，員工有能力又願意工作，這樣的態度就等於是願意進行復盤，那麼復盤工作結束後將給企業帶來的就是員工們更願意做事情。認真復盤，從自身做起，企業復盤工作，人人有責。

表 6-1 就是復盤表。在復盤表中，目標是由企業進行修訂的。復盤表主要是用於解決團隊績效責任改進和目標修訂的問題。那麼遵循上文的原則，原定關鍵目標內容在表格中預留了四項，這四項剛好就和之前講述過的思維目標內容是保持一致的。考核標準就是需要填表者考慮到一些問題及實現的結果是什麼，並從中制定標準，這時還需要與目標一致。

原因和工作總結。工作原因可以分為主觀原因、客觀原因和其他原因。

第一節 復盤提效：透過回顧與反思改進團隊績效

工作總結主要是指吸取的經驗是什麼、工作教訓是什麼、下週／月／年的工作計畫又是什麼，這些內容也需要一起填入這張表。很多企業在完成這張表的時候，可能特別懶惰。員工習慣了寫報告總結，所以每年在個人績效結束時，可能都會寫一個工作總結，例如，在主管的帶領下，在全體員工的努力下，我們克服困難，齊心協力取得了什麼樣的成績。前途是光明的，道路是坎坷的，在未來我們要怎麼做、要完成什麼、還要如何如何等等。這些慢慢都形成一個套路了，但實際上卻根本發揮不了什麼有意義的作用，還不如不寫。

嘗試用這張復盤表吧！它可以作為績效體系的最後一張工具表格，既作為終點又作為起點。化終點為起點，就是從這裡來的。這張表也可以單獨使用，也就是說，在學完這本書的內容後，可以把這個表格按照上面的內容填寫，並作為下個月開始的工作總結。同時，還可以趁這個機會去看看員工會開始怎麼改變，或許一開始他們會對主管很糾結、很討厭，但過不了多久，他們就漸漸感恩戴德，因為他們會發現自己的進步。

當一個員工在企業中工作一段時間後，他們如果能慢慢最佳化自己，那麼在兩、三年之後，他總會有一天能發現自己的這些變化。很多員工在離職的時候，表示對主管十分不

第六章　復盤最佳化：績效管理的持續進化

滿，就是因為他認為自己並沒有獲得一點點的自我成長，那這和前者唯一的差距，可能就在於企業的主管在讓團隊進行每個週期績效管理總結的時候，是否使用復盤表。

要讓企業中的員工在離開自己的平臺或晉升時，對主管心存感謝還是對仇視呢？這個問題或許是值得我們去認真思索一下的。

表 6-1 復盤表

復盤表(目標自行修訂定)							
原定(週、月、年)關鍵目標				原定(週、月、年)結果			
目標	考核目標	結果	備註	結果		差異	備註
……				……			
個人工作總結				分析工作原因			
吸收經驗					主觀原因	客觀原因	其他原因
工作教訓				達成的原因			
下(週、月、年)工作計劃							
				未達成原因			
備註:如有資料表單等可附件說明,每週期按時復盤提交電子版至部門管理者!							

第一節　復盤提效：透過回顧與反思改進團隊績效

本節作業

完成一次企業績效復盤表。

<table>
<tr><td colspan="8" align="center">復盤表（目標自行修訂定）</td></tr>
<tr><td colspan="4" align="center">原定（週、月、年）關鍵目標</td><td colspan="4" align="center">原定（週、月、年）結果</td></tr>
<tr><td>目標</td><td>考核目標</td><td>結果</td><td>備註</td><td>結果</td><td></td><td>差異</td><td>備註</td></tr>
<tr><td></td><td></td><td></td><td></td><td></td><td></td><td></td><td></td></tr>
<tr><td></td><td></td><td></td><td></td><td></td><td></td><td></td><td></td></tr>
<tr><td></td><td></td><td></td><td></td><td></td><td></td><td></td><td></td></tr>
<tr><td>……</td><td></td><td></td><td></td><td>……</td><td></td><td></td><td></td></tr>
<tr><td colspan="4" align="center">個人工作總結</td><td colspan="4" align="center">分析工作原因</td></tr>
<tr><td>吸收經驗</td><td></td><td></td><td></td><td></td><td>主觀原因</td><td>客觀原因</td><td>其他原因</td></tr>
<tr><td>工作教訓</td><td></td><td></td><td></td><td rowspan="2">達成的原因</td><td></td><td></td><td></td></tr>
<tr><td colspan="4">下（週、月、年）工作計劃</td><td></td><td></td><td></td></tr>
<tr><td></td><td></td><td></td><td></td><td rowspan="2">未達成原因</td><td></td><td></td><td></td></tr>
<tr><td></td><td></td><td></td><td></td><td></td><td></td><td></td></tr>
<tr><td colspan="4">備註：如有資料表單等可附件說明，每週期按時復盤提交電子版至部門管理者！</td><td></td><td></td><td></td></tr>
</table>

第六章　復盤最佳化：績效管理的持續進化

第二節　問題剖析：績效推行中的挑戰與對策建議

關於探討問題的部分，我們在第一章中講過五大要素，但本節將從績效管理的設計方面講一講績效指標設計過程中可能出現的一些問題，例如考核評分指標設計的問題。

績效管理問題的探討

按照慣例，我們還是先用一個案例故事作引來展開對績效管理問題的思考與探討。大家一定都聽過「衣冠禽獸」這個成語，現代漢語詞典將這個成語的含義解釋為「外表衣帽整齊，像個人，行為卻如禽獸，比喻卑劣的人。」

所以，這個成語在大眾的印象中絕對是一個不折不扣的貶義詞。

但其實這個成語的原意並非如此，在古代，「衣冠」作為權力的象徵，歷來受到統治階級的重視，從明朝明太祖朱元璋開始，就有明文規定官員們的官服上須繡以飛「禽」走「獸」，來顯示文武官的等級。這種等級制度，就此漸漸延續了下來。據明、清兩史的《輿服志》記載，文官繡禽、武官繡獸，而且等級森嚴，不得踰越。「衣冠」上的「禽獸」與文武

第二節　問題剖析：績效推行中的挑戰與對策建議

官員的品級一一對應。文官從一品至九品為：鶴、錦雞、孔雀、雁、白鷴、鷺鷥、鸂鶒、鵪鶉、練雀；武官從一品至九品為：麒麟、獅、豹、虎、熊、彪、犀牛、海馬。

所以，原本衣冠禽獸是一個褒義詞，但是到明朝中晚期，官場腐敗，文官愛錢，武將怕死，欺壓百姓，無惡不作，百姓苦不堪言。於是，「衣冠禽獸」最終就慢慢演變成為非作歹、如同牲畜的貶義詞了。

思索這個案例故事，明朝後期官場腐敗的現象，或許也與當時皇帝的治理方式有關。在古代，皇帝管理朝堂國家，處理奏摺，和如今企業的主管發展企業規模、管理員工很類似。

一個企業在績效管理中出現了很多問題，卻無法或不去解決，這將帶來很糟糕的結果。這些結果最終還是要自食，甚至殃及池魚。歷史雖已無法挽回，但當下和未來還是可以補救的。如今企業所面對的績效管理問題其實有很多。

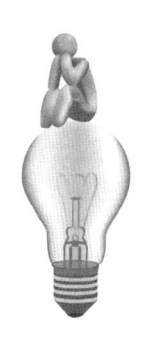

```
1、理解失誤：職能錯位，聚焦績效
2、面面俱到：貪大求全，去偽存真
3、數據失真：弄虛作假，權責對應
4、馬虎應付：全力應付，全力以赴
5、避重就輕：心存顧慮，連坐機制
6、未慮應用：流於形式，因地制宜
7、難於量化：行為難控，一地一策
8. 常見的考評者問題
```

圖 6-2 常見的問題、困難及解決思路

第六章　復盤最佳化：績效管理的持續進化

1. 理解失誤

很多企業中的主管在進行績效管理的過程中，理解失誤在職能錯位上。在整個績效管理設計的過程中，企業沒有聚焦績效，而僅僅是在完成任務。那麼為什麼會出現這個問題？其實原因是企業在最開始進行夢想連結夢想的部分時，就沒有和團隊表達清楚。所以在眾多績效管理設計的問題中，需要探討的第一個問題就是理解失誤，即認知問題。

我們為什麼在這一節中又重新提出這個問題呢？其一是因為本節中對這個問題的講述會比之前更細，其二是因為企業需要找到相應的對策方法，就是要聚焦於績效。

績效是企業想要的，而企業想要的績效數量、結果和行為背後需要能夠給企業帶來願景。如果這些所需無法依靠績效帶來，企業本身也沒有願景價值，那麼對員工而言，他們也是無法被觸動的。

如此分析，我們不難明白職能錯位、認知產生錯誤的原因，就在於績效所帶來的背後價值對員工沒有吸引力，不夠讓他們心甘情願地為之奮鬥。

所以各級主管在推行績效的過程中，一定要在這一部分做足文章。很多企業的主管都不夠重視對企業夢想價值的認識，而是全心全意只想要「一口吃成大胖子」，只去學習績效管理的實施方法。但我們都知道，世上沒有一步登天的辦

法，方法不對，把後續弄得看似越好，其實內裡問題越大。

很多情況下，如果企業中的員工們自己還沒做好心理準備，主管又非得教他們方法的話，員工們往往會難以接受，基本都會表達拒絕的。

2. 面面俱到

有很多企業在進行績效管理的過程中，並沒有按照八步驟的指標對企業目標願景進行分解。這就導致企業的指標體系過於全面，但這種體系看似工整，實際上是冗餘的。曾經有一個企業針對基層員工就制定了七大多項指標，先不說這個企業體系在制定指標時有沒有進行目標分解，這其中哪些是真指標，哪些是假指標，企業的主管是否有過思考？

這樣的指標會造成的後果就是員工們不敢提績效考核，一旦提起績效考核，可能就會導致員工內心的害怕與逃避。這是為什麼呢？原因很簡單，因為指標涉及的範圍很多，所以考核也會涉及各方面。這樣看起來又費時間又耗力，而實用性卻不見得多麼優秀。

所以遇見這種情況的時候，企業需要做的就是對企業指標去偽存真。

使用本書仲介紹的目標分解八步驟，用八步表單把企業目標分析清楚，去偽存真後，就能得出真正的績效考核指標。

第六章　復盤最佳化：績效管理的持續進化

3. 數據失真

關於數據失真這個情況，其實是一個弄虛作假的事情。在現實生活中，有的企業為了使自己的績效指標達標或顯示的數據符合上級心意，甚至為了自己的業績成果看起來更加優秀，有時就會竄改數據，弄虛作假。對於使用數據失真這一手段，很多企業需要採取的應對方式則是權責對應管理法。

雖說現在是法治社會，但其實我們國家的很多企業都有個共同的特點，那就是在人性這部分總是做得遊刃有餘。例如，當企業要應徵員工時，通常都會告知公司是有權利做什麼事的，但是很多時候應徵的員工往往都是小錯不斷、大錯不犯。企業看似沒什麼損失，實則在發展中總會遇到不少的磕磕絆絆。所以很多企業在面對數據指標時，權責對應可能沒有對應好。

既然有員工敢弄虛作假，那一旦發現，只要權責對應起來，就要以正常的懲罰作為有效的解決方式。數據失真的情況基本上都是人為的，而這種情況本身其實沒有什麼，只是員工並不認真工作，也不願意把實際數據展示出來，畢竟他們都會害怕把自己的不足之處暴露出來。

4. 馬虎應對

對於這個部分，可能會有人產生疑問，馬虎應對和第三個數據失真的問題是不是一樣呢？不是的，馬虎應付是員

第二節　問題剖析：績效推行中的挑戰與對策建議

工的心態問題，而數據失真則是員工為了獲取利益進行的行為。

那麼問題又來了，身為企業中的一員，無論是主管還是員工，大家到底是全力以赴，還是全力應付？答案當然是全力以赴。那麼，在平時的工作中，在績效管理的過程中，我們到底是在全力應付，還是全力以赴，就只能捫心自問了。有很多人在工作中面對要處理的事務時都是全力應付的，那麼要如何去檢驗並發現這部分偷懶的員工，也成為一個需要考慮的問題。

在這裡介紹一個小工具，企業可以用於做簡單篩查。我們可以思考一下，在公司裡工作這麼多年，曾經和誰因為工作努力吵過架，又因為工作努力而感動過誰，當然這裡提到的感動是內心的情緒感受。當問完這兩個問題後，如果一個員工從沒有感動過，也沒有和任何人吵過架，也就是說這位員工沒有全力以赴做過一件事情，所以才沒有因努力而感動別人或自己。

全力以赴的員工往往就是把職業當事業、把企業當家業了。企業的主管就應該扛起企業的責任，全力工作，處理好工作中的各種事務。

但如果是全力應付，那就實在太對不住企業的期望與報酬和收入了。

第六章　復盤最佳化：績效管理的持續進化

5. 避重就輕

企業中的員工之所以會避重就輕，很可能是因為他們心存顧慮。其實，很多因素都可能導致員工心存顧慮，所以為了解決企業中的這種現象，對連坐機制的使用選擇真是當仁不讓。畢竟在做績效考核的時候，如果團隊業績不好，這將影響整個團隊的士氣或者收益。

企業主管有時會心存顧慮的設計一些指標，從而導致員工會有避重就輕的情況出現。這時我們往往不難發現，企業會尋找一些不痛不癢的指標，作為績效標準進行考核。那麼，既然指標設定者和績效考核者不願意去得罪他人，那麼就採取連坐機制來改善吧。

連坐機制加上關聯指標，就能夠使團隊與主管、主管與主管、團隊與團隊成員之間建立起一些關聯性的指標。如果出現問題，那麼企業全體都得承擔這個責任，這時監督機制自然就出現了，最終員工心存顧慮的想法也自然就沒了。

6. 未慮應用

有些企業的績效考核結果其實是沒用的，大家或許從來沒有思考過，這個結果是否真實，所以就會出現全力應付的情況。那麼遇見這個問題，企業該怎麼解決呢？其實只需要因地制宜就可以了。

因為業務不同，員工所屬的團隊也不一樣，所以我們需

第二節　問題剖析：績效推行中的挑戰與對策建議

要在公司內部的各個部門中制定符合所屬部門個性化的特有績效指標體系。但是在最初目標分解的過程中，企業的願景目標一定要是團隊成員共同建立出來的。

這樣適合各自部門的績效管理方式，在承接了組織分配的目標之後，還可以再建立個性化的、因地制宜的指標體系。

7. 指標難於量化

既然行為難控，企業就可以採取一地一策的方式。不一定要定量，有的指標也可以定性，將指標體系增加了定性的部分，那就是一地一策了。

8. 常見的考評者問題

那麼考評者都有哪些問題？我們都了解，公司員工既可以成為被考評者，也可以成為考評者。對於成為考評者的員工而言，他們既可以是上級，也可以是下級，甚至可以是同級或客戶，這就是全方位的「360」考核。

上級考核過程可能出現的問題相對要少一些，畢竟上級基本能做到公平公正。但是同級考核往往就不敢恭維了，同級之間的考核初心是什麼，這個很難說清楚。有時，有些員工的認知程度、教育程度等都決定了他們最終的評分結果。有些員工在評分的時候，甚至考慮的不是對方的績效、能力與成果，而是和誰的關係親近，就給誰高分，不親近的則給出低分的結果。

第六章　復盤最佳化：績效管理的持續進化

　　還有一類情況就是，在企業中員工相互間評分的時候，總會出現「你好、我好、大家好；誰給我打多少分，我就給誰打多少」等情況，這就已經不再是對績效結果評分了，這些情況下出現的分數已經失去其原本該有的意義。

　　其實，360度全方位評分是可以監督的，但其實在很多情況下則是「沒有不透風的牆」，員工怎麼可能會主動給自己的主管穿「小鞋」呢？他們怕的從來都是主管讓他們「沒鞋穿」。既然如此，這就導致了很多考核是流於形的。如果企業能做到公開、公正、公平且透明，或許企業的績效管理評核還可以有點效果，但如果不是真的這樣去做，那麼績效管理將會很難做。

　　有人學到這裡可能會提出想法：既然企業內部相互評價存在這麼多的問題情況，那不如去找客戶開展吧！客戶是個外人，總可以公平。雖然客戶不是企業內部的員工，但客戶與企業之間畢竟是利益關係。客戶怎麼可能為了企業中發生的績效管理問題而費心呢？客戶的選擇當然是誰給他們帶來利益，他們就給誰高分。如果企業的採購和業務客戶都說某個員工好，也許那就是有問題的了。

　　我們在之前講述過的五類總體問題上，深度解析了八類問題的應對策略與思路，也帶著大家一起思考了每種問題產生的原因。

績效考核結果的應用

接下來,我們再一起看看績效結果的應用。績效結果應用在之前的章節中其實已經講過,所以本節所講的六大方向也只是重申,並給大家提醒績效結果可以應用的幾個方面:晉升,職位調整;加薪,薪資調整;外訓,學習成長地圖;職位,人事調整;針對,職業規劃;優劣,員工分級分析。

每一條展開來講,那就是:

① 檢討企業目標達成狀況。了解企業目標達成程度,修正工作策略,改進工作方式。

② 檢討員工績效提升狀況。發掘員工的潛力,提供發展的舞臺;發現員工的不足,指出努力的方向。檢討團隊效率改善程度。總結好的經驗,推而廣之;發現工作短缺,制定改善方案。

③ 與薪資掛鉤。客觀評價員工的付出,提供薪資、獎金發放依據,不與薪資掛鉤的考核毫無意義。考核只有與員工利益和薪資掛鉤,才能引起上上下下的高度重視和積極參與。

④ 辭退不稱職員工。凡是管理有規範的企業,不達標或不稱職的員工不能留任。不稱職的員工在職位上工作,不僅可能造成企業績效的損失,也有很大可能造成自身的

第六章　復盤最佳化：績效管理的持續進化

傷害。淘汰不合格的員工是對企業負責、對社會負責，也是對員工本人負責。
⑤ 績效面談依據。幫助員工進步是績效管理的首要任務。主管在分析員工績效考核結果之後，要和員工面對面溝通，肯定員工的進步，指出存在的不足，挖掘員工的潛力，規劃未來的發展。企業需要將面談結果記錄歸檔，防止走過場、搞形式。面談有無實質作用也要成為上級主管的考核內容之一。
⑥ 培訓選擇依據。透過全面的績效分析總結，找出企業整體不足，明確改善的方向和重點，確定企業培訓的主題和重點。
⑦ 管理變革依據。堅持長期績效考核的企業，透過與同行業比較分析，找出企業短缺，就能有的放矢制定管理變革方案。

績效結果應用是一個體系，但是對於企業的績效，如果僅僅是使用分粥方式，那就顯得過於單調，甚至有些蒼白了。

第二節　問題剖析：績效推行中的挑戰與對策建議

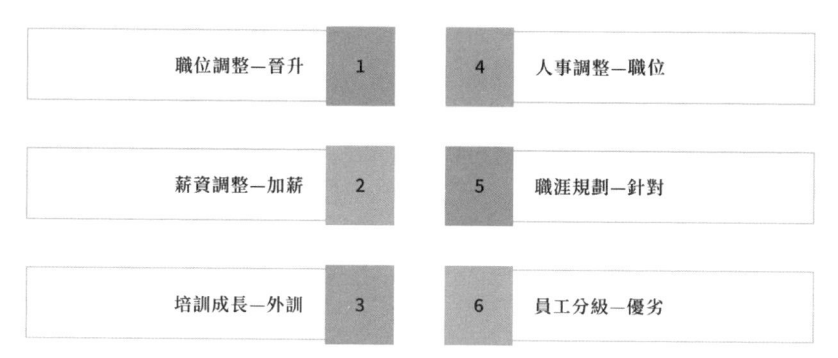

職位調整—晉升　1	4　人事調整—職位
薪資調整—加薪　2	5　職涯規劃—針對
培訓成長—外訓　3	6　員工分級—優劣

圖 6-3 績效考核結果的運用

本節作業

分析本企業的績效問題狀況，找準企業的問題對策，對症下藥，解決企業績效設計過程中的實際問題。

第六章　復盤最佳化：績效管理的持續進化

第三節　創新激勵：吸引力法則下的績效設計新思路

我們已經在之前的內容中學習完績效管理的整個循環，但是談績效不說激勵，總覺得少了一部分，那麼，本節將和大家一起了解討論的是關於績效激勵的內容，例如薪資。關於薪資，本節中不會討論貨幣薪資的部分，因為本書主要研究績效管理，薪資設計內容太多了，篇幅不夠，所以我們不討論貨幣薪資，而是了解學習個人魅力、個人文化激勵及團隊精神。

為了使大家更好掌握激勵的內容與實踐方法，我們也會提供並介紹幾個工具。這些工具也有助於企業在推行績效管理過程中，使每一位員工發揮自己的自身情懷和價值概念。

績效激勵設計的思路

在開始進行績效激勵設計的思路之前，企業首先需要做到的是了解激勵的概念、種類與作用方式。所謂績效激勵，是指為實現發展策略和目標，採用科學的方法，透過對員工個人或群體的行為表現、勞動態度和工作業績及綜合素養的

第三節　創新激勵：吸引力法則下的績效設計新思路

全面考核、分析和評價，充分激發員工的積極性、主動性和創造性的活動過程。簡而言之，績效管理就是企業運用某種管理方式來激勵員工為實現包括員工個人目標在內的公司目標而奮鬥。

激勵方式的選擇和運用直接關係著企業績效管理的效果，進而對企業目標的實現有著深遠的影響。尤其是人本化管理觀念的進一步輸入和發展，對傳統的人力資源管理方式和管理理念形成了巨大的衝擊和挑戰。如何獲取人才、用好人才、培育人才、激勵人才和留住人才，已成為企業必須考慮的問題。因此，從人性的角度出發，如何建立一套有效的績效激勵制度，對內激勵員工，對外樹立企業的形象，擴大企業人才的吸引力，已成為企業是否能在新時代以人才為基礎的科技競爭中獲取優勢的根本保證。

激勵作為一種能夠激發員工積極性行為的管理方法，一直受到企業的重視。它通常分為物質激勵與精神激勵兩種。

企業成員往往既需要物質獎勵，又需要精神激勵。一方面，每個人都有私心，都希望他人能夠滿足自己的需要，實現自己的價值。另一方面，每個人也都有善心，也希望能夠被人需要，滿足別人的需要。因此企業的主管，既要懂得尊重下屬的「私心」，又要懂得激發下屬的「善心」。只有物質激勵的話，有可能會激起人們不良的慾望，私心就會膨脹，而

第六章　復盤最佳化：績效管理的持續進化

只有精神激勵的話，則有可能會削弱人們對善良的追求，善心就會泯滅。所以在給予企業成員物質獎勵的同時，也要注重精神上的鼓勵。

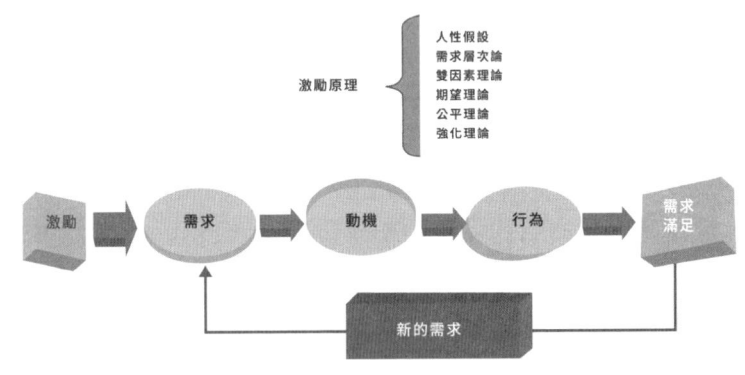

激勵原理
- 人性假設
- 需求層次論
- 雙因素理論
- 期望理論
- 公平理論
- 強化理論

激勵 → 需求 → 動機 → 行為 → 需求滿足

新的需求

圖 6-4 物質和精神激勵

在當今的時代下，單純靠精神激勵，不附加相應的物質保障，是無法培養企業成員的工作熱情的。那麼究竟要怎樣分配兩種獎勵的比例，才能更好發揮理想的影響呢？這就需要根據員工當前所處位置及階段。在企業中，激勵往往可以使員工加大幹勁，在原來的基礎上會付出更大的努力，把事情做得更好。

適當的精神和物質獎勵是激勵企業主管的「提神劑」，它既能增強成員的成就感，又能樹好典型，形成創先爭優的良好氛圍。要堅持精神獎勵與物質獎勵、獎人與獎事相結合，在現有政策範圍內，加大績效獎勵比重，進一步提高獎勵含

第三節 創新激勵：吸引力法則下的績效設計新思路

金量,讓付出得到回報、讓耕耘得到收穫。

那麼想要做好企業的績效激勵,我們就需要了解並遵循一定的原則。

而無論是物質獎勵還是精神激勵,以下四個原則都需要認真遵循。

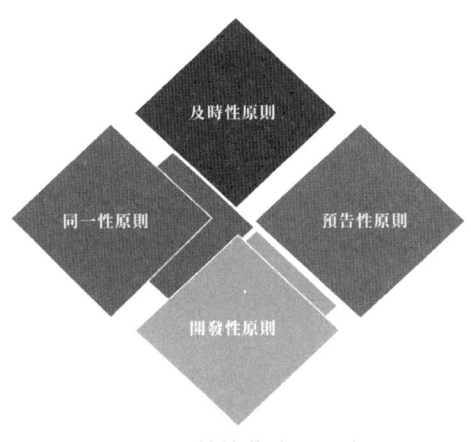

圖 6-5 績效激勵四原則

1. 及時性原則

不管是用實質獎勵,還是口頭表揚,激勵員工一定要及時。如果該激勵的時機來了,卻沒把握好而錯過,之後即使延期補給,也失去了激勵原本的意義和作用,所以當最好的激勵時間到了,主管就需要盡量把握,及時激勵員工,以保證達到激勵帶來的最大效果。

第六章　復盤最佳化：績效管理的持續進化

2. 同一性原則

也就是同樣的貢獻、同樣的付出、同樣的報酬，同樣的表彰。企業不能在一個團隊中做兩樣事，也就是說，對有著同樣付出和貢獻的員工，給出不一樣的報酬或待遇。這樣是最忌諱，而且是最失敗的，因為這代表了不公平，不公正，會使得企業主管失去公信度，從而引起員工們的不滿。

還有一種情況就是，有些獎勵是因人而定，因為某位員工和企業中的主管有什麼關係，所以待遇就會高於其他同樣職位或付出相同程度的員工，這種情況造就了很多企業出現人員流失的情況。

3. 預告性原則

企業在面對員工時不管是獎勵還是懲處（尤其是懲處措施），一定要及時預告，讓員工心裡有一個準備，並盡快調整好情緒。如果是正激勵或許還好，員工一激動，可能也就只是高興一下，但如果是負激勵呢？那員工一激動可能就會無法預料的糟糕後果。所以，企業在激勵員工前需要遵循預告性原則。

4. 開發性原則

不管物質激勵還是精神激勵，都需要遵循的開發性原則。無論企業對待員工是獎勵還是懲處，最終為他們帶來的都是一種成長。獎勵方面，例如實質獎勵（加薪等）會使員工

們的生活條件改變,活得更加幸福;學習獎勵,可以讓員工們在能力和技術上變得更優秀。

而懲處方面,企業一定需要做到懲前毖後。只有這樣才能使員工醒悟,並改進,變得更好。如果績效激勵時,不帶有開發性質,那企業得到的績效結果就可能會適得其反。

以上就是企業在進行激勵時,需要遵循的原則性工具,也就是說,在推行績效管理和績效進行的時候,企業需要把績效激勵的原則利用起來,因為它可以讓我們在進行績效激勵的過程中更快看到效果。

績效激勵的方式與階段

1. 文化適應階段

員工從沒有日常工作計畫到有工作計畫;上下級之間從不共同設定工作目標到能坐到一起設定工作目標,從沒有機會就工作績效進行回饋和指導,到雙方能夠自然、客觀的坐在一起,探討工作完成情況和改善工作的方法,這些轉變,無論是從管理方法還是工作模式上,對員工和主管而言都是一種全新的探索和艱難的適應過程。

在這一階段,首先要讓員工和主管知道要怎樣做,習慣於這樣做,並從這一過程中感到有收穫;至於考核什麼指標,指標選得準不準,都已經不是最重要的(因為還不需與薪資

第六章　復盤最佳化：績效管理的持續進化

掛鉤），更別說還要根據結果實際扣錢了。這就是績效的試執行前期，先執行起來再說。

同時，考核數據的提供也是關鍵性的基礎，需要相關人員建立隨時記錄績效數據的習慣。事情雖然小而簡單，但形成習慣是非常困難的。可如果連簡單的小事都做不好，那績效考核也就成為空中樓閣。

在這一階段最關鍵的是培訓。

2. 養成習慣階段

透過前一階段，員工和主管知道怎樣做，習慣於這樣做了，並且主管感受到管理目標清晰之後，工作壓力也就向下傳達了。員工的積極性提高了，績效溝通使上下級理解加深了，員工就會從這一過程中感到工作的自主性提高了，工作目標和標準清楚了，還能夠從上級得到一些有益的工作指導和資源支持，其自我的職業化程度也加強了。這樣讓員工見到了好處，吃到了甜頭，形成了習慣，之後再探討考核哪些指標，指標選擇是否合理，以及完成工作的標準是否恰當的問題。

這個時候，員工們就能夠專心探討這些深入細緻的問題，並從邏輯和效果上（而不是從部門和個人利益上）探討怎樣對工作開展最有利，效果最好（因為這階段還不需與薪資掛鉤）。他們可以客觀的設定工作目標、成果標準等，合理地分解工作，探討工作的開展方式方法。這就是績效的試執行

第三節　創新激勵：吸引力法則下的績效設計新思路

後期，先執行起來再討論、完善、解決出現的各類可能意想不到的問題。

透過績效的模擬執行，上級對下級的獨立開展工作的能力、特長、短處、工作習慣等方面都具備較清楚的了解了，也就不會有不切實際的預期，不會頭腦發熱的亂設目標了。同時，他們對下級人員該培訓的建議培訓，該指導的給予指導，從能力和方法上讓下級具備良好的績效考核基礎。

這一階段最關鍵的是部門內部、上下級之間的研討。

3. 逐步改善，精益求精

工作習慣形成了，上下級之間更深入了解了，相對客觀、合理的目標和工作標準擬定出來了，才可能正式地執行績效體系。這個階段關鍵是對主管的績效管理過程進行跟蹤和輔導，隨時發現和解決問題。做好第一輪的績效申訴處理工作，使員工從錯誤的方式、做法、想法中脫離出來。

這一階段最關鍵的是跟蹤和輔導。

4. 體系自動執行階段

在這一階段，掌握了方法，形成了習慣，見到了成效，嘗到了甜頭（或苦頭）。員工認為，「讓我做」的事變成了一件「我想做」的事，一件麻煩事變成了一件自然而然的事，績效管理體系就可以自動執行了。同時，各部門還會自己發現問題，解決問題，根據本部門的獨特性進行改良，完善方法。

第六章　復盤最佳化：績效管理的持續進化

這一階段最關鍵的是自我管理。

創新激勵手段

在了解企業績效激勵的階段與方法之後，接下來再一起看看新時代下創新激勵的手段。或許會有很多人認為，用錢去激勵員工是最好且便捷的方式，但其實還有以下幾個方法比貨幣激勵方式有效得多。

① 動之以情懷。我們之前的內容中有講述，企業在最初夢想連結夢想的階段，就一定要把情懷凝聚起來，這樣才可以在進行績效激勵時，對員工們動之以情。

② 曉之以理。將道理邏輯關係向企業成員講清楚，那麼員工就能明白其中含義，也不會添亂。

③ 激之以義。義就是義氣，企業對待自己的員工，需要講義氣，主動承擔一些責任，這樣才能更好的激勵員工。

④ 誘之以利。企業在進行績效激勵時，不是不講利益，而是要合理獎勵，並思考如何講利。利益是「君子愛財，取之有道」，我們應該激勵自己企業中的員工，用自己的人力資本去獲得相應的利益獎勵，投入產出、投入市場之後，再評價並獲取自己的價值。

一個企業在績效管理過程中，用情懷、理想、義薄雲天來激勵團隊成員凝聚起來，形成氣勢，最終一定可以獲得利

第三節　創新激勵：吸引力法則下的績效設計新思路

益。幾乎沒有企業成員是帶著團隊先賺取利益，之後才會產生義氣、情懷和理想的。所以，利益倒過來最為首要的激勵方式，見利而忘義，無義更無情，無情不講理了，所以倒過來激勵就是不成立的。

其實在現實中，很多都是為利益而存在的團隊，而有理想、有情懷、講義氣的才是真正的團隊。所以一個團隊要想有團隊精神，是先有動之以情，曉之以理，激之以義，然後再有企業文化。透過企業文化凝聚企業成員，只有大家在一起才能獲得更多的利益。

從創新激勵的角度，在一個新階段，如果企業想要讓員工凝聚在一起，就需要修煉自己的情懷，把所有負面的情緒暫時放下來，塑造自己的理想，然後再去提升自己義薄雲天的狀態。最終與所有員工一起形成屬於企業的獨特文化，那麼就會吸引更多的員工，最後形成利益，帶來收益。

我們在這一節了解並學習了績效激勵的含義、方法與意義之後，可以在自己的企業中嘗試一下，先修煉自己，才能成就別人。

本節作業

分析自我吸引力法則，解決非物質激勵應用不足問題。

第六章 復盤最佳化：績效管理的持續進化

第四節 心理驅動：激活員工內心潛力的績效魔力

在上一節中，我們講述了企業績效激勵設計，重點了解的是文化和精神領域的激勵，以及如何帶著情懷去推行績效激勵。本節將繼續和大家一起探討，對於七、八年紀生以及企業高層管理人員進行績效激勵時，又有什麼方式或需要注意什麼。

三「心」激勵法

除了上一節了解過的創新激勵，在新時代企業還要推行四「心」管理。一個企業成員在推行績效的時候之所以推行得有效率，原因很簡單，那就是員工對這位主管的崇敬。當員工有了這樣的情緒狀態後，他們就會昇華，變得更為積極。員工崇敬是因為企業主管有德有才。這樣員工就會自己昇華自己，啟用自己，積極進取，為工作與夢想打拚。

畢竟人心都是肉長的。企業完成一半，另外一半就會有其他的員工接替起來。但要想員工對主管有崇敬之心，就需要我們自身有優秀、可以仰仗的才能，並德才兼備。德是品

第四節　心理驅動：激活員工內心潛力的績效魔力

德，品德有很多，例如誠信、責任等。才是指才能，例如高超的技術或機智的頭腦。有德有才，才能度高超，專業度優秀，態度也保持端正。既能陽春白雪，又能下里巴人，既能講夢想還能跟員工一起在路邊吃小吃——接地氣，這樣才能出精品。

所以，對於員工的崇敬之心，如果企業把這方面做好，員工就會自發昇華，並產生積極之心，這就是三「心」管理模型。這個模型能教會企業的主管緊緊抓住人心，其實當員工們的心有一把鎖開啟之後，員工們就會被啟用、被激發。

績效激勵設計

接下來再來講講績效激勵的設計思路，首先介紹一下六感激勵模型，即設計思路的六種感覺。

為什麼在這個部分要講的是感覺呢？因為七、八年級的員工和主管是在更為美好的時代背景下生活成長的，按照馬斯洛（Abraham Maslow）的需求理論，其中較為低層次的需要有生理的需要和安全的需要，但是七、八年級生已經不再為吃飽穿暖發愁了，他們更多的是追求自我實現的需要。

1. 六感激勵模型第一層：安全感

當代年輕人需要的是一種安全感。什麼是安全感，有錢就有安全感嗎？

第六章　復盤最佳化：績效管理的持續進化

當然不是，安全感是指一種感覺，是一種認知。人類通常如何獲取外界的感知？靠的是聽覺、視覺、嗅覺、味覺、觸覺。那麼安全的獲得是怎樣的？我們在前面的內容中曾講過，企業員工能看到什麼，聽到什麼，感受到什麼，這種安全的意識很重要，這些不是單純由企業透過加薪就能獲得的。就像在疫情環境下，員工看到了防護設備，看到防護服、口罩、消毒液，他們就會覺得比較安全。在員工親眼看到之後，感官的反應和大腦認知會使得他們感覺安全。但安全感並不代表安逸，畢竟如果感受的是安逸，那麼員工可能就開始不再努力了。

所以有時我們會發現，一些小企業默默經營，其規模或收入竟然漸漸超過了大企業。發生這種現象的原因很簡單，那就是小企業總會有一種生存壓力，對小企業而言，他們能平穩營運就算是擁有了安全感，但是這樣的安全感並不是絕對意義上的安全感，它是一種相對的存在。安全感不等於擁有錢財，那只是一種感覺，這種感覺在當下就是一種心理存在的意識。

2. 六感激勵模型第二層：存在感

存在感是什麼呢？就是被別人關注的感覺。我們在企業中往往不難發現，七、八年級的員工或主管都有一個特點，那就是喜歡被人關注。企業如果稍有一點不注意他們，他們

的心理可能就會出現一種失落感。例如，開會的時候讓這種員工下班而留下其他同事繼續開會，那麼這時他們可能就會覺得自己沒有存在感，又或者上班時，主管對每個人都打招呼了，唯獨漏了這名員工，那麼他們也會產生自己沒有存在感的想法。

所以，存在感本身就是一種對自己的信心，本來就是一種激勵。

企業想和諧有道，那主管就一定要讓員工有存在感，而且存在感產生的效果往往只有一週，那麼我們就應該掌握這種規律，一週給員工一次「存在感」。

3. 六感激勵模型第三層：參與感

只要有了存在感，大部分員工就願意參與各種活動、專案及企劃，也就是參與感。企業成員一旦有了存在感，願意參與到團隊中去時，他們就會願意跟著一個企業進步。與企業共同成長的時間久了，他們還會產生企業的歸屬感。

4. 六感激勵模型第四層：歸屬感

員工對企業的歸屬感增強，是一個好的現象還是不好的現象呢？其實對於企業而言，員工歸屬感需要適當，並不是越強就越能證明歸屬，就越好，有時太強反而會帶來問題。舉個例子，假如有一天，有位員工晚上出去聚餐吃飯，在回

第六章　復盤最佳化：績效管理的持續進化

家的路上發現一位母親帶著她的孩子在散步，這名員工認為小孩子樣貌有些醜陋，於是當著孩子母親的面說了出來。那麼這位母親會有什麼反應呢？她會回覆說：「對不起，先生，我兒子長得太醜了，我帶回去，不影響你散步看風景。」這樣嗎？不會的，她肯定會生氣地和這位員工理論，證明她的孩子並不醜陋，直到員工也同意她的觀點。

媽媽的行為其實也是一種歸屬感，而且是絕對意義上的歸屬感，但這種強烈的歸屬感使得她不能接受自己的孩子不夠完美，此時就出現了遮蔽效應。遮蔽效應是指故意把一些欠缺或不足遮蔽起來，不讓別人看見。所以將這樣的事件類比進企業中，就更好理解了，當員工歸屬感特別強時，他們會忽略企業的一些問題，甚至主動忽略、掩蓋這些瑕疵，這些行為其實對團隊而言是沒有太多好處的。所以，員工對企業的歸屬感到一定程度就可以了。

5. 六感激勵模型第五層：成就感

員工們願意參與公司事務，就會帶來很多歸屬感，那怎麼才能平衡好歸屬感呢？很簡單，就是要善於賦予和利用員工的成就感。把員工推到一個更大的平臺上時，他們對原來團隊的歸屬感就會慢慢淡化了。

例如，將一個經理提拔為副總，那麼擔任經理時，他可能會對自己所在部門的隱患視而不見，甚至遮蔽，但當他成

第四節　心理驅動：激活員工內心潛力的績效魔力

為副總之後，可能就可以去面對這一問題了，這也是成就感打破了原有的歸屬感。但當員工一旦成為副總後，他獲得的成就感背後還附帶著責任感，他可能會為了自己肩上的責任和新產生的成就感，而去揭發曾經所屬部門存在的問題，並幫助和督促員工改正。所以，雖然員工歸屬感不能太強，會產生遮蔽效應，但想要打破這種遮蔽效應，靠獲得成就感就可以了。

6. 六感激勵模型第六層：榮譽感

員工一旦擁有了成就感且有成長、有成就時，他們慢慢地也會產生榮譽感。當企業中的員工有了榮譽感，那麼這名員工與企業就融為了一體，他就變成了企業的忠實粉絲，會長久地待在企業中，並鞠躬盡瘁。榮譽感是最終形成的文化精神。其實沒有激勵，仍舊能激發團隊榮譽感，雖然實質獎勵用於激勵員工本來挺好的，但有時企業不曾想到，當實質獎勵成為唯一的激勵方法後，員工們連最後的榮譽感都沒有了。

所以，企業主管需要為企業做的激勵其實有兩條路，本節中所講述的與實質獎勵沒有關係，它是安全感、存在感、參與感、歸屬感、成就感以及榮譽感的那條路。

企業主管在給團隊這六種感覺的同時，還要拿捏好分寸。首先員工要相信自己企業的文化，這樣才能把這些文化

第六章　復盤最佳化：績效管理的持續進化

內容、內涵、價值與意義進行解釋,並傳遞給其他成員聽,之後再進行實際踐行,最終以實踐為證,證明給後面新加入企業的成員去看。

　　此時前人就形成了標竿,企業就可以讓新的團隊在前人那裡感到安全感、存在感、參與感、歸屬感、成就感與榮譽感。這六種感覺比較符合七、八年級生的需求,同時也是比較重要的一種新激勵方式。

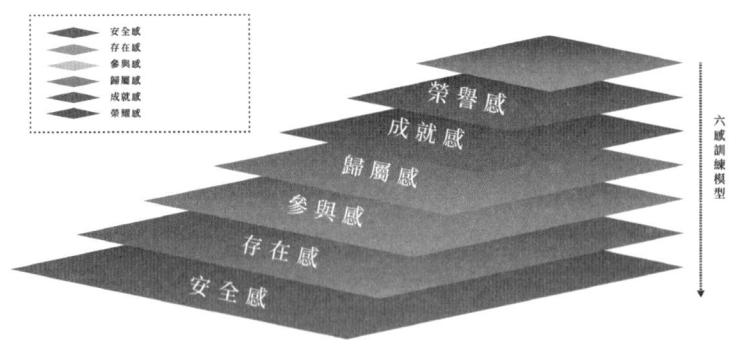

圖6-6 六感激勵模型

後記

　　回顧一下本書中講述的整個績效管理體系。夢想連結夢想、化被動為主動、化執行到自行、化要求為需求、化獎懲為栽培，以及化終點為起點，剛好六章。對於整個績效管體系的內容，我們除了講述了很多定義、意義，還為大家提供了八張表格。從表一定夢想，表二定目標，表三定問題，表四定優劣，再到後面的表五定行動，表六定指標，表七定承諾，表八定起點，這幾張表格在實戰中也是非常好用，且清楚明瞭的。

　　最後，在本書結束之前，我再給大家幾個建議，那就是工具表單可以一起用，也可以單獨用，但最好成套使用。例如改變整個企業的績效考核流程，就需要企業高層的支持、團隊的配合、中層的參與，那這樣其實就可以將每個問題拆開討論，並使用成套表格梳理連結，最終融入績效管理體系中。

　　當然，我們也可以改良表格，使其更加符合自己的企業，以便使用起來更加得心應手。但還是建議先用原表，然後再去修改使用，否則可能會出現原來的思路還沒打通，就又出現新問題的情況，而新問題還會引出其他更大的問題。

　　好了，到這裡本書的內容就全部結束了，最後祝願每位閱讀、學習本書的朋友身體健康，闔家幸福。

國家圖書館出版品預行編目資料

強績效策略，從願景到成果的新管理趨勢：談薪資待遇、企業認可、目標成就……結合核心理論，「八大工具表」全面提升企業績效管理！/ 楊文浩 著 . -- 第一版 . -- 臺北市：山頂視角文化事業有限公司 , 2025.02
面 ; 公分
ISBN 978-626-99407-2-1(平裝)
1.CST: 績效管理 2.CST: 人事管理
494.3　　　　　　　　114000730

強績效策略，從願景到成果的新管理趨勢：談薪資待遇、企業認可、目標成就……結合核心理論，「八大工具表」全面提升企業績效管理！

作　　者：楊文浩
發 行 人：黃振庭
出 版 者：山頂視角文化事業有限公司
發 行 者：山頂視角文化事業有限公司
E - m a i l：sonbookservice@gmail.com
粉 絲 頁：https://www.facebook.com/sonbookss/
網　　址：https://sonbook.net/
地　　址：台北市中正區重慶南路一段 61 號 8 樓
8F., No.61, Sec. 1, Chongqing S. Rd., Zhongzheng Dist., Taipei City 100, Taiwan
電　　話：(02) 2370-3310　傳真：(02) 2388-1990
印　　刷：京峯數位服務有限公司
律師顧問：廣華律師事務所 張珮琦律師

-版權聲明

本書版權為文海容舟文化藝術有限公司所有授權山頂視角文化事業有限公司獨家發行電子書及繁體書繁體字版。若有其他相關權利及授權需求請與本公司聯繫。
未經書面許可，不得複製、發行。

定　　價：375 元
發行日期：2025 年 02 月第一版